XINRUI

欧月
初学者手册

— ROSE —
A BEGINNER'S GUIDE

花园实验室
新锐园艺工作室 主编

U0233106

中国农业出版社
北京

目录
CONTENTS

PART 1

欧月是什么样的植物？

欧月概述

近年来，尤其是 2010 年以后，欧月在国内花友圈中人气颇高，并掀起了种植热潮，很多公司开始引进各式各样的欧月品种，以致有些新手将欧月当成月季的一个新品系了。

其实，欧月最初的全称是欧洲进口月季，并不是一个正式的说法，但随着时间的推移，从欧洲、日本等地引进的月季品种，都简称为欧月。其中以英国大卫·奥斯汀的"英玫"为主，也包括来自法国玫兰国际和戴尔巴德等公司的"法玫"以及最新流行的来自日本育种家的"日月"。

典型的欧月花型浑圆丰满，花瓣层层叠叠、紧密包裹，有点像牡丹或芍药，被形象地爱称为"包菜"或"包子形"。其实，欧月从花形上看，具有极其丰富的多样性，有的是传统老式玫瑰的杯状花形、有的像大小不等的包子、有的密集集群式的簇花开放，大部分优良品种花瓣过百片，开不露芯，耐开耐晒。从花色上看，颜色也丰富多彩，多种单复色、渐变条纹斑点色，可谓丰富多彩、婀娜多姿。

其实欧月是由中国的月季作为"妈妈"、欧洲的古典玫瑰作为"爸爸"杂交培育产生的杂交品系，相当于一个"中欧混血儿"。而我们常说的国月，如红双喜、和平、杰乔伊，这些也是和欧月一样的中欧杂交种，只不过它们的诞生比欧月早，可以说它们是欧月的"哥哥姐姐"。

国月和欧月都属于现代月季或当代月季，为杂交品种群，可以说它们父母本是一样的，但是国月长得更像"中国妈妈"，而欧月更像"欧洲爸爸"。

要了解欧月、养好欧月，就必须清楚地了解月季到底是什么样的植物，它的历史是什么。

圣塞西利亚（1987，英国）

月季概述

　　月季，别名月月红、斗雪红、长春花、四季花等，蔷薇科蔷薇属灌木。在姹紫嫣红的百花园中，月季"月月开花，四季不辍"，花容秀美，千姿百色，芳香馥郁，不负"花中皇后"之名，深受人们喜爱，被评为我国十大名花之一，还被一些国家选为国花，在我国已有二三十个城市选它为市花。

　　我国是月季的故乡，栽培历史悠久，无数诗人墨客，都用一些优美的诗句来赞颂月季。宋代徐积《咏月季》诗曰："谁言造物无偏处，独遣春光住此中，叶里深藏云外碧，枝头常借日边红，曾陪桃李开时雨，仍伴梧桐落叶风，费尽主人歌与酒，不教闲却卖花翁。"

形态特征

　　月季为有刺灌木或呈蔓状、攀援状植物。叶互生，奇数羽状复叶。花单生或排成伞房花序、圆锥花序，单瓣（5枚）或重瓣。在开花后，花托膨大，形成蔷薇果，有红、黄、橙红、黑紫等色，呈圆、扁、长圆等形状。

单瓣（5枚）

重瓣

产地与分布

　　月季原产于北半球，分布在北纬 20° ~ 70°。蔷薇属植物几乎遍及亚、欧两洲，其中以西亚、南亚和中亚最为集中。印度北部和孟加拉东部发现了一种热带蔷薇 *Rosa climophylla*，有耐热的特点。非洲仅在北部如埃塞俄比亚、摩洛哥等国，有野生蔷薇分布。北美则多分布于加拿大和美国。现代月季的栽培遍及除热带和寒带外的世界各地，而在热带高原如马来西亚的个别高地上，也有月季的栽培。

生长习性

　　月季喜日照充足，空气流通，排水良好，能避冷风、干风的环境。切忌将月季栽培在阴山、高墙或树荫之下。但在盛夏炎热时需适当遮阴。大多数品种最适温度白天为 15～26℃，夜间为 10～15℃。冬季气温低于 5℃时，进入休眠。月季能耐 –15℃的低温。夏季温度持续 30℃以上时，进入半休眠。能耐 35℃高温。相对湿度以75%～80% 为宜。

　　我国从华南到东北，月季开始开花的时间为 3～6月。以长江流域为例，月季2月下旬至 3 月绽出新芽，从萌芽到开花需 50～70天，5 月上旬为第一次开花高峰，如管理得当，可反复开花到 7 月初。7～8月为高温盛暑期，月季处于半休眠状态。9月温度下降，月季再次形成大量的花蕾，10月上旬出现第二次开花高峰，如管理较好，花期可持续至初霜。12月气温降到 5℃以下，进入休眠状态。土壤酸碱度以 pH6～7 为宜。大气污染，如烟尘、酸雨及有害气体，会阻碍月季的生长发育。月季喜肥，土壤可稍黏重。

月季的历史

我国月季祖先的进化历史

一块古朴的化石，讲述着一段悠久的历史，一缕沁人的花香，传达着月季祖先进化的脉络。追溯历史，从古希腊的文明、巴比伦的空中花园、埃及的金字塔、中国的长城脚下都有月季祖先的身影。

依据现有的古化石和古花粉孢子，可以见证我国蔷薇属植物进化历史，归纳为四个阶段：

新生代第三纪古新世时期

距今约 7 000 万年前，在陕西及华东、华中、华南内陆山地丘陵地区，中亚热带半干旱疏林及落叶常绿阔叶林区，林下或林缘出现蔷薇属植物灌丛。

始新世时期

距今约 6 000 万年前，在华东近海地区，中亚热带落叶常绿阔叶混交林和针叶林区，林下灌木层中常见蔷薇属植物。

渐新世时期

距今约 4 000 万年前，在华东近海地区，中亚热带落叶常绿混交林和针叶林区，林下灌木中常见蔷薇属植物。

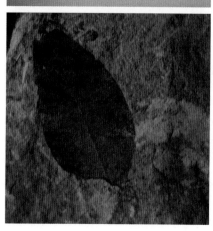

上新世时期

距今约 1 200 万年，在陕西渭河流域以及山东临朐、辽宁、甘肃、新疆等地的针阔叶混交林中，天山、昆仑山西部和祁连山针阔叶混交林区林线以下，云南北部山区亚热带常绿落叶阔叶林中均有蔷薇属植物分布。

公元1800年左右，欧洲栽培的蔷薇主要属于一季开花种，包括法国蔷薇、百叶蔷薇和突厥蔷薇。18世纪末、19世纪初，中国月季、蔷薇传播到国外，现代月季的育种才有了历史性的突破。1789年，月季品种月月红与月月粉首传英国。1809年，彩晕香水月季传入英国。1824年，淡黄香水月季也传入英国。上述这4个中华珍品经与欧洲几种蔷薇反复杂交后，1837年首次在巴黎附近育成了杂种长春月季系统的两个品种——海林公主与阿贝特王子。这一系统的现代月季每年只开1～2次花，虽名"长春"，但却是名不副实，大部分均已淘汰。我国山东一带的牡丹月季类，也属于杂种长春月季系统。

月月红

月月粉

　　1867 年，一个真正的现代月季新系统——杂种香水月季诞生。第一个品种天地开系法国人格罗（Guillotfils）用布润薇夫人香水月季与胜利魏杂种长春月季杂交选育而成。此后，新品种迅猛突增，现已成为现代月季中主要的品种群。杂种香水月季品种最为丰富，经典品种有和平、象牙塔等。

天地开

粉和平

1911 年，多花月季首创于丹麦。最先出现的是红帽子系，用小姐妹月季、小红杂种香水月季芮茨门选育而成。后又育成爱莎普生、克丝汀普生、白桃草莓冻糕等杂种小姐妹型月季品种。它们分枝多，呈较矮的灌丛状，具有梗长、花美、耐寒、耐热、花团锦簇等优点，后逐渐发展成独立的、仅次于杂种香水月季的现代月季新系统。

红帽子

白桃草莓冻糕

现代月季育种简史

　　人类认识蔷薇属植物的历史已有5000年左右，首先发现蔷薇属植物之美的是古希腊文明。距今大约8000年的古希腊《荷马史诗》中，多次提到"当年轻的黎明，垂着玫瑰红的手指，重现天际"，说明玫瑰已成为当时人们比喻美好事物的象征。

　　距今2300年，古希腊重要商业城市罗得岛（Rhodes）就以盛产玫瑰闻名，其地名就是古希腊语"玫瑰"的意思，考古学家在当地发现的"太阳神玫瑰币"，背面清晰地雕刻着玫瑰花的图案。

太阳神玫瑰币正面

太阳神玫瑰币背面

　　古希腊科学家狄奥弗拉斯（Theophrastus，公元前371—前287年）整理了古希腊已知的玫瑰品种，描述了不同品种从5～100片不等的花瓣数目，这是人类已知的第一个有关玫瑰花植物学的形态描述。

狄奥弗拉斯雕像

现代月季育种不断向前发展，1954 年又出现了新型品种粉后、伊丽莎白皇后，并多次获得金牌，故列为新系统，称为大型多花月季或壮花月季。微型月季是以我国小月季作为主要杂交亲本，现有拇指、粉裙、铃之妖精等上百个品种。藤本月季是以我国原产的七姐妹蔷薇、光叶蔷薇、巨花蔷薇、刚毛蔷薇及杂种香水月季等攀援性芽变品种选育而成。

伊丽莎白皇后

微型月季铃之妖精

藤本月季

月季的分类

国际园艺界将1867年之前的月季品种统称为古代月季，将1867年之后育成的品种统称为现代月季，之所以将1867年作为划分节点，是因为1867年法国育种学家培育出具有划时代意义的品种——法兰西，标志着一个崭新的月季品系杂交茶香月季的诞生。现代月季多采用世界月季联合会（WFRS）的分类方法。此外，月季还可以根据颜色分类，如白色、黄色、红色、蓝色、黑红色、绿色、橙色、粉色、复色系列；也可以根据生长习性分为直立月季、灌木月季、藤本月季。

世界月季联合会月季分类方法

分类	定义	特点	代表品种
杂交香水月季	又称芳香月季、杂交香水月季，这一品系是19世纪中期，用香水月季和杂交长春月季杂交而成	色彩丰富，香味宜人，花形硕大、丰满、多姿；长势强健，发枝力强，抗病力强，有许多品种极耐寒	和平、象牙塔、彩云等
小姐妹型月季	又称十姐妹月季，这一品系，是中国月季和野蔷薇杂交育成。它是培育多花月季的重要亲本	花型较小，直径仅2.5厘米左右，聚成花簇，花色艳丽，多花勤开。耐寒抗热，生长强健	火炼金丹、冬梅、小桃红等
多花月季	又称丰花月季或聚花月季，这一品系是由杂交香水月季和小姐妹型月季杂交育成	既有杂交香水月季的花色丰富、花形优美和花型大的特点，又有小姐妹型月季的耐寒性强、开花多、聚成花簇的优良特性。植株一般为扩张型，分枝力强，树型优美；叶片和刺都像杂交香水月季，只是略为小一点；其不足之处是许多品种不香或仅带微香	金杯、冰山、小步舞曲等
大型多花月季	又称壮花月季，这一品系是由杂交香水月季和多花月季杂交而成	植株比杂交香水月季和多花月季长得更高大、壮实；开花能力和耐寒性都继承了双亲最佳特性；花朵直径略小于杂交香水月季而大于多花月季，颜色范围也与双亲接近，蕾形、花形、叶片和皮刺都与杂交香水月季相似	莱茵黄金、绯扇、天堂、蓝和平、奥运会等
多花香水月季	这一品系也是由多花月季和杂交香水月季杂交育成	在每根开花枝上着生4~12枝25~35厘米长的花，并于顶端开花。其花形虽然与大型多花月季相似，但又不像大型多花月季那样聚成小簇，且花朵直径仅有7~8厘米。因其抗病能力特强，故发展前景广阔	目前仅有几个品种，如黄昏星、万岁等

分类	定义	特点	代表品种
微型月季	由中国小月季和多花月季及小姐妹型月季杂交育成	植株矮小，仅15~30厘米高，花朵直径1.5~4厘米，枝、叶、刺都比其他月季小得多。但色彩丰富，花形优美，多花勤开，而且许多品种是重瓣，并具有芳香和十分耐寒的特性	草裙舞女、华丽仙子、红妖等
杂交藤本月季	也叫攀援月季，这一品系的品种多由多花月季和杂交长春月季的枝变而得	枝条粗长，可达4~6米，有的甚至近10米；每年能从基部抽出强壮新条，并在二年生枝条前端长出粗壮新侧枝，若诱导、修剪得当，繁花似锦，可造成宏伟景观，是花柱、花屏、花廊、花架及拱形花门等处垂直绿化的理想材料。杂交藤本月季又可分为一季开花系和经常开花系	安吉拉、西方大地、御用马车、大游行、大红袍以及白卧龙等
杂交蔓性月季	这一品系是由蔷薇、中国月月红及诺瑟特蔷薇反复杂交育成	每年从植株基部抽出多而长势旺盛的长蔓，长达1.5~6米，但枝条较软弱，需及时缚扎诱导，也是从其二年生枝条上抽出新侧枝开花，花朵直径仅1.5~5厘米，虽为一季花，但集成束状开放，除黄色外，其他颜色都有。该品系易感染白粉病，故宜选地势高燥环境种植	潘金、猩红蔓性蔷薇

15

直立月季

花

花形千姿百态，特别是以高心翘角的花形为多见，近年也出现了不少古典花形的品种

叶片

大部分是5片小叶，叶面带有光泽

开花方式

在新枝梢头开花，有单头和多头的

茎

茎秆坚硬，自立性好，一般不需要支撑

香气

很多直立月季有着清新的茶香和水果香，而微型月季相对香气较弱

植株

直立向上，高度在1.5米以内，可以通过修剪控制在需要的高度

花期

多数在修剪后能够四季开花

直立月季红双喜，植株高
大壮实

花市里出售的微型月季，
有时又被叫作钻石玫瑰

藤本月季

花

藤本月季花朵和直立月季没有差别，蔷薇则有很多单瓣的品种，花形也更多变化

叶片

藤本月季多为5片小叶，和月季相似。而蔷薇则有7片小叶或其他数量，形状也各不相同

茎

茎杆长，上面生短枝开花，基本不能自立。必须依靠支撑成牢固的攀援物

植株

植株高大，一般在3米以上，长藤条生长

开花方式

在旧枝条上生出短枝开花

花期

多数只开一季花，秋季即使开花数量也很少

香气

藤本月季以茶香和水果香较多，蔷薇则因品种而异

藤本月季金兔子，花朵非
常大，而且花量也很充足

常见的多花月季，花朵较小，
多头开放，盛开时十分美丽

灌木月季

叶片

小叶有 5 片,大多没有光泽

花

以英国月季为代表,花形多为古典花形。近年来也有波浪花形和单瓣花形出现

植株

一般在 2 米以内,圆拱形生长,枝头略下垂

茎

茎杆软,在大量开花时会被压弯而下垂。需要部分支撑

花期

灌木月季经过修剪能四季开花,古典玫瑰在秋季零星开花

香气

香气有老玫瑰香、大马士革香和没药香气等,非常多样

开花方式

新梢枝头和旧枝条上都会开花

英国月季中很
多都是灌木月季

古典玫瑰有很
多品种,食用玫瑰
也是其中之一

欧月的运用

我们通常看到的月季园都是花圃形态，在分割好的几何形花圃里种植直立月季，其实，月季还有非常多的花园运用方法值得我们学习和探索。

在一座教堂前方道路两侧种植的大片多花月季冰山，盛开时如同白雪一般纯洁。

拱 门

月季的拱门，清新自然，充满野趣

大红色藤本月季的拱门，华丽鲜艳，吸引眼球

盆 栽

利用红陶盆盆栽株型较小的
藤本月季，再牵引到支架上，看
起来丰满别致

盆 景

月季盆景多数用微型月季来制作，经过数年的修剪，可以长成漂亮的老桩。

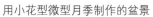
用小花型微型月季制作的盆景

用大花型微型月季制作的盆景

花柱

　　除了拱门和栅栏，花柱也是展示藤本月季或蔷薇之美的好道具。具体牵引方法可参见本书 PART 4 中藤本月季和蔷薇的修剪和牵引。

高度中等的栅栏
适合展示灌木月季

充满柔美气息的
白色木栅栏中，探出
头来的是粉色的古典
花形英国月季遗产

绚丽的玫红色月
季和古朴的褐色木纹
栅栏十分协调

植物搭配

月季园中搭配早春开花的草花花镜，可以在月季还没开花的季节填补视觉的空白。最好选择花形小巧的草花，避免在月季开花时显得过分嘈杂。

月季和薰衣草组成的花境，艳丽的大红色和薰衣草素雅的紫色非常般配

下方搭配草花。春季开花的蝇子草、柳穿鱼、桂竹香、黑种草等，都是不错的选择

下方搭配地被植物。脚下搭配清新素雅的绿叶补血草，将紫色的古典玫瑰黎塞留主教衬托得更加美丽

29

　　栽培月季的时候，搭配一些其他的花草，可以让花园变得更加丰富，有的植物还有独特的香气，能够帮助月季驱赶害虫，保持更加健康。

细香葱

　　辛辣的味道可以驱赶害虫，细细的叶片和红色小圆球般的花朵也十分可爱

孔雀草

　　孔雀草的根系可以分泌独特的化学物质，具有驱赶线虫的功效。而且花朵耐热，在炎热的夏季里可以填补月季园的空白期

铁线莲

　　同为藤本植物的铁线莲，可以攀缘在月季的枝条上，蓝紫的花色和暖色系的月季花形成完美的互补。不过要注意不可完全把月季当作铁线莲的支撑，还是要选择和设置合理的支撑为宜

树形月季

树形月季是最近非常高人气的运用方法，树形月季是在砧木上嫁接数根月季枝条，从而做成棒棒糖一般的造型。

树形月季在月季园中是醒目的存在，通常会放置在花境或花坛的中央

树形月季的种苗

PART 2

欧月的栽培基础

欧月苗的购买

✔ **适合购买欧月的时间**

5月、10月花市购买开花苗；
11月至翌年4月网购小苗、幼苗；
11月至翌年1月网购裸根苗。

✔ **可以买到的欧月苗的特点**

幼苗

刚刚扦插成活或成活3个月以内的苗，有的有基部笋芽，极少数带有花苞。有时花友称它们为牙签苗。幼苗多见于网购及花友间的分享和交换。

小苗

扦插或成活后经过半年以上养护的苗，通常有2根以上的分枝，有的还带有花苞。有时花友称它们为筷子苗。有时比小苗稍大的中苗也多见于网络花店，通常从店铺的描述上很难知道自己到底买的是中苗还是小苗。

裸根大苗

裸根苗是从地里挖出后经过修剪根系和枝条的苗，通常只在秋冬季出售。进口的月季苗因为需要检疫，通常也是以裸根形式进口。

裸根苗多数是嫁接苗，因为砧木的蔷薇根系粗大，有时花友称它们为萝卜根苗。

盆栽开花大苗

中苗经过数个月到一年的养护后，通常在春秋季的花市和实体花店出售，带有较多的花苞，春季有时还有带长藤的藤本品种绑扎出售。

注意不要买到假货!

淘宝是非常方便的购物场所，但是也是假货较多的地方。特别是著名的品种，不良商家会盗用他人图片和描述，随意出售，而买家拿到的可能根本不是想要的品种。

判断的标准

购买之前询问有经验的花友，请他们推荐好的店铺。

尽量选择专卖月季的网店，有七彩月季、蓝色妖姬之类的商品苗出售，基本可以断定是出售假货的。

在实体店铺选择的要点

茎杆是否粗壮——选择茎杆粗、没有老化迹象的苗。
叶片是否发黄——选择叶片油亮、没有黄叶的苗。
是否有病虫害——选择健康、没有病虫害的苗。
株型是否端正——选择株型平衡、姿态优美的苗。

种植欧月前的准备

容器及工具

✔ 适合的花盆

欧月的花盆既需要透气也需要保水。

陶盆或瓦盆

　　陶盆透气性好，样式古朴，但是夏季的月季需水量大，必须及时浇水，也可以选用较大尺寸的陶盆。

控根盆

　　控根盆是在塑料盆的底部开设了透气缝隙的花盆，设计独到，解决了塑料盆不能透气的问题，而且利于生根，是最近比较流行的月季用盆。

塑料盆 / 加仑盆

　　塑料盆轻便，容易搬动，但是透气性差，只要选对尺寸，做好水分管理，还是可以使用的。

✘ 不适合的花盆

瓷盆

　　瓷盆和上釉的陶盆透气性差，沉重且不容易移动，不适合大多数植物，月季也在其中。

铁盆

　　铁皮花盆时尚美丽，但是透气性差，容易生锈，不适合直接栽培。如果喜欢铁皮盆的造型，可以在里面放上一个控根盆栽好的月季，将铁盆当作套盆使用。

木盆

　　木盆的透气性很好，但是很容易腐烂，如果非要选择木盆，可以选择烧杉木或是防腐木的，并在内侧涂上桐油防腐。

铲子

可以准备大型和小型两种铲子，大的用于拌土，小的用于为盆栽松土。

修枝剪

修枝用，相比普通剪刀，修枝剪对枝条的伤害较少，不会发生劈裂等情况。

花剪

剪除残花用，也可以选择头较尖的家庭剪刀代替。

支架

直立和微型月季一般不用支架，有枝条柔弱的品种可用铁杆或包塑铁丝支撑。半藤本和藤本则采用圆筒形或塔形花架，大的品种则要用拱门或大木架。很多支架通常会写月季、铁线莲适用，但是要注意月季的重量比铁线莲重很多，要选择坚实可靠的制品。

喷壶

为月季喷药时用，一般家庭使用1～2升的气压喷壶较为实用。在喷药时最好穿好防护装备，可用雨衣、口罩和太阳镜替代。

水壶

长嘴水壶较为实用，特别是花盆多，堆放密集的时候用长嘴水壶浇水更方便。

园艺扎线

用于牵引和绑扎，常见有金属扎线、麻绳和包塑铁丝。金属扎线方便耐用，但是可能会对枝条产生伤害。麻绳对植物最安全，大约在一年后腐朽，也可以结合冬季牵引更换。

小贴士

工具的维护

工具在用完后要及时擦干，收藏在工具包置阴凉干燥处。如果生锈可以用除锈剂来解决。

基 质

欧月对土壤要求不算太高，它喜好肥沃、疏松的土壤，根系不喜欢长期处于黏重的土里，一般来说，透气、排水好、营养丰富的土最佳。

可以用泥炭、珍珠岩、蛭石的三合一基本营养土为基础添加腐叶土、园土或赤玉土，也可使用花市营养土或自己平时用惯的土。

欧月是生长快速的植物

欧月是生长快速的植物，很多花友会发现欧月盆里的土越来越少，于是说欧月是吃土的植物。其实这是因为月季对营养的要求高，土旧了后，团粒结构被破坏，看起来体积减少，而且里面的营养没有了，也就不再适合月季的生长。所以月季需要每年换盆一次。

泥炭

泥炭是远古植物死亡后堆积分解而成的沉积物，质地松软，吸水性强，富含有机质，特点是透气、保水保肥，常见的泥炭有进口泥炭和东北草炭。泥炭本身呈酸性，一般在使用前会调整到中性。

赤玉土

来自日本的火山土，呈黄色颗粒状，分大、中、小粒3种不同规格，保水、透气，常用于多肉栽培，有时也用于扦插和育苗。

珍珠岩

珍珠岩是火山岩经过加热膨胀而成的白色颗粒，无吸收性，不吸收养分，排水性好。

园土

来自耕种过的田地的土壤，根据各地情况有黄土、黑土和红土，含有机质的成分也不同。园土容易结块，有时还含有杂菌，用于盆栽最好先曝晒杀菌，打碎成颗粒后使用。

腐叶土

由树叶等堆积腐烂而成，通常呈黑色，富含有机质。

蛭石

由黏土或岩石煅烧而成的棕褐色团块，多孔结构，透气，不腐烂，吸水性很强，不含肥料成分。通常与泥炭和珍珠岩配合使用。

轻石

火山石，排水性好，颗粒分大、中、小粒，一般大颗粒用于垫盆底，小颗粒用于添加到基质里，有改善透气性的作用。

陶粒

陶土烧制的颗粒，常用于水培花卉，大颗粒陶粒也用于垫盆底，防止花盆底部积水。

肥　料

　　欧月是喜好肥料的植物，合理的施肥对于正常生长和开花都非常重要。欧月常用的肥料可以分为冬肥、花后肥和日常肥，冬肥和花后肥多用有机肥或缓释肥，日常肥则用水溶性液体肥。

冬肥

　　以发酵豆饼、鸡粪等有机肥为主，将发酵豆饼、鸡粪、骨粉按 3 ∶ 4 ∶ 3 的比例混合后施用。施肥适期为 12 月下旬至翌年 2 月上旬，庭院种植只施用一次，量多些，盆栽的话要多施几次，少量施用。

　　庭院栽培　5 年生苗或扦插苗种植后第 5 年可一次性施用 100 克。

　　盆栽　15 厘米盆每次施肥 5 ~ 6 克，施用 2 ~ 3 次，18 厘米盆每次施肥 10 克，施用 2 ~ 3 次。

　　缓释肥按照说明书使用。

花后肥

　　花后施用，根据品种开花时期不同。

　　有机肥在庭院栽培使用量是冬肥的一半，盆栽肥的使用量则和冬肥差不多，只是使用次数为 1 ~ 2 次。

　　缓释肥按照说明书使用。

日常肥

　　一般来说，除了严冬和酷暑的季节，其他季节都应该每周追施 1 次水溶肥。水溶肥的类别有很多种，一般是根据氮、磷、钾的含量可以分为均衡型、高氮型、高磷型和高钾型。其他专业生产者还会用到补充特定微量元素的专用肥。

　　欧月的施肥一般是早春和初夏生长期（新芽冒出后）使用均衡肥，春季和初秋孕蕾期使用高磷肥，秋冬季休眠前使用高钾肥。

如果嫌麻烦而又不是对开花数量品质有特别要求的话，也可以使用月季专用的肥料。

氮、磷、钾的作用分别是什么？

氮：促进叶片生长。

磷：促进花芽分化，果实成长。

钾：促进茎干和根系的生长。

园地（环境）选择

种植欧月的地点以向阳、通风的地点为宜，有时候找不到全日照的向阳处，至少也要保证每天有半天的日照，特别是早晨的日照非常重要，而下午的西晒对植物来说并不是太好，特别是夏天可能还会晒伤植物。所以如果在阳台或露台，就要选择朝南或朝东的方向放置月季花盆。

通风对于欧月的生长也很重要，不通风的环境下欧月容易生病，封闭式的阳台整体来说不适合种植欧月。

沐浴到清晨的朝阳对于欧月的生长非常重要

欧月常见病虫害

白粉病

通常在早春开始发生，直到初夏结束，部分叶片或整个植株上出现白色的粉末状病变，导致叶片变形，花蕾落蕾，严重的甚至落叶死亡。

防治：加强通风，不要过度施肥，在春季定期喷洒石硫合剂多菌灵等药剂，发病期可喷施 70% 甲基硫菌灵 1 000 ~ 1 500 倍液等杀菌剂。

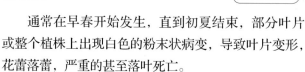

灰霉病

在全年都可能发生，尤其春季较多，在湿度高的时候多见。花后如果没有及时收拾残花，很可能导致灰霉病。

防治：加强通风，收拾残花和枯枝败叶。发病初期，可喷施波尔多液 1 ：1 ：100 倍液，2 周喷 1 次，连喷 3 次。

黑斑病

梅雨季节到夏季最多，黑斑病的植株叶片发黄，出现黑色斑点，最后脱落。如果大量落叶，很可能造成植株死亡，或是部分枝条死亡。

防治：加强通风，随时清除落叶、病叶。发病期可喷施 70% 甲基硫菌灵 1 000 ~ 1 200 倍液或波尔多液 1 ：1 ：100 倍液，每隔 7 ~ 10 天喷 1 次，连喷 3 次。

黄叶

一般是移栽后发生，水分过多，植物不能立刻吸收就会造成黄叶和落叶。

防治：不要多浇水，如果是移栽后发生的临时性生理现象，则不用过分担心，等一段时间植物自己会改善。

蚜虫

红蜘蛛

蜗牛

青虫

蓟马

　　蚜虫是月季最常见的虫害之一。如果蚜虫量较少，可用毛笔蘸水刷掉，要注意不要碰伤嫩叶、嫩梢，刷掉的蚜虫及时清理干净。如果月季发芽初期有蚜虫发生，可剪掉一部分带有蚜虫的枝条。发生严重时，可喷施50%抗蚜威可湿性粉剂1 000倍液或10%吡虫啉可湿性粉剂2 000 ~ 2 500倍液，每隔7天喷1次，2 ~ 3次即可。

Point! **无农药栽培**

　　很多人都会因为月季的病虫害而头痛，无农药栽培月季好像是遥不可及的事情。其实国外已经有很多栽培者实现了无农药栽培，有兴趣的人可以从以下3个方向着手：

　　1.冬季彻底清理环境，为植株喷洒石硫合剂消毒。

　　2.注意选择抗性强的品种。一般来说叶片油亮厚实的品种和原生蔷薇比较抗病。

　　3.虫害多发季节多关注，一旦有虫子就立刻手工驱除，避免蔓延。

PART 3

12月管理

1
Month
月

关键词：施肥

工作要点check：

✓ 是否施好了冬肥?

✓ 是否喷洒了石硫合剂?

1月落叶后的直立月季

　　1月是一年中最冷的时候，北方已经上冻，即使长江流域也会经常降到0℃以下，月季的植株都开始落叶，这时的落叶对于植物是一种休息也是自我调整的方式。但是如果气候温暖，部分品种并不会落叶，一些还会持续开放。

植物的状态：落叶

　　不管叶片落不落，都可以看到叶腋间来年的新芽，我们要好好珍惜。

1月直立月季管理

1月非常寒冷，但是在室内管理的微型月季还会继续开花。其他在户外的品种都会落叶休眠，看起来光秃秃的。

盆栽的放置地点

放在向阳处，如果是弱小的幼苗或刚移栽的裸根苗要放在避风的屋檐下。

浇水

表面干燥后，在上午充分浇水。如果傍晚浇水会发生盆土冻结，伤害植物。

肥料

12月没有施冬肥的话本月也可以施，最低温度在10℃以上时，可以施含钾较多的液体肥料，每月2～3次为宜。10℃以下不要施肥。秋季的扦插苗尽量置于气温保持在10℃以上的地方，每月施以2～3次含钾较多的液体肥料，促进生长。

整枝、修剪

参考冬季修剪的要领进行修剪。

种植、翻盆

南方地区适合大苗的移栽和栽种，寒冷地区要等到开春以后。

病虫害

1月中旬喷洒2次石硫合剂，喷洒植物全株和地面。检查花盆下面有没有害虫。

放在室内的微型月季还会开出小小的花，但是花形会有些变形

1月藤本月季管理

盆栽的放置地点

多数藤本月季都是地栽，如果有盆栽的要放在向阳处，弱小的幼苗或刚移栽的裸根苗要放在避风的屋檐下。

浇水

表面干燥后，在晴天上午充分浇水。如果傍晚浇水会发生盆土冻结，伤害植物。

肥料

12月没有施冬肥的话本月也可以施，最低温度在10℃以上时，可以施含钾较多的液体肥料，每月2～3次为宜。10℃以下不要施肥。秋季的扦插苗尽量置于气温保持在10℃以上的地方，每月施以2～3次含钾较多的液体肥料，促进生长。

整枝、修剪

参考冬季修剪的要领进行修剪。

种植、翻盆

南方地区适合大苗的移栽和栽种，寒冷地区要等到开春以后。

病虫害

收拾落叶，特别是有黑斑的落叶，集中烧掉，不可用于堆肥，否则会传染病菌。1月中喷洒2次石硫合剂，稀释到8倍液喷洒植物全株和地面。

藤本月季安吉拉，大部分叶片已经掉落

1月灌木月季管理

盆栽的放置地点

放在向阳处，弱小的幼苗或刚移栽的裸根苗要放在避风的屋檐下。

浇水

表面干燥后，在晴天的上午充分浇水。如果傍晚浇水会发生盆土冻结，伤害植物。

肥料

12月没有施冬肥的话本月也可以施，最低温度在10℃以上时，可以施含钾较多的液体肥料，每月2～3次为宜。10℃以下不要施肥。秋季的扦插苗尽量置于气温保持在10℃以上的地方，每月施以2～3次含钾较多的液体肥料，促进生长。

整枝、修剪

参考冬季修剪的要领进行修剪。

种植、翻盆

南方地区适合大苗的移栽和栽种，寒冷地区要等到开春以后。

病虫害

收拾落叶，特别是有黑斑的落叶，集中烧掉，不可用于堆肥，否则会传染病菌。1月中喷洒2次石硫合剂，稀释到8倍液喷洒植物全株和地面。检查花盆下面有没有害虫。

繁殖

可以利用修剪下来的枝条进行硬枝扦插。

即使没有落叶，叶片发红也是休眠的标志

枝头虽然还有花蕾，但是再也打不开了的微型月季仙女

工作要点check：

√ 是否进行了修剪？

√ 是否进行了藤本品种的绑扎和牵引？

植物的状态：落叶，部分品种依然常绿

2月上旬依然十分寒冷，但下旬以后就会时而阳光明媚，时而春寒料峭，立春的节气来临也是多在这个月。植物体内孕育着春天的生机，各种品种的新芽都在叶腋间开始生成。

本月最重要的工作是修剪。针对不同类别的月季，修剪的方法也各不相同。直立和微型月季相对比较简单，保留粗壮的枝条，进行比较强幅度的修剪。而藤本月季则基本是不用大幅修剪，只需在牵引绑扎的时候剪掉弱枝、病枝即可。最麻烦的是月季中最多见的灌木月季，这些植株细枝条伸展交错，让人不知从何下手，这就需要我们一根一根仔细处理，让植株变得干净整洁后再进行修剪。

上一年开花后的植株既有粗壮的枝条也有细枝条，留下这些细弱的枝条，就会被他们夺取营养而不开花。而细弱枝的枝头还会伸出更细的小枝打出花蕾，开花很小，株高则不断增高。

为了让花开在合适的株高，造出形状好的株型，开花均衡，同时也避免浪费肥料和养分，就要把不要的枝条剪除。

剪后的植株通风会得到改善，阳光也可以照到全株。如果1月没有进行牵引的话，先牵引再修剪。

2月直立月季管理

盆栽的放置地点

放在向阳处，如果是弱小的幼苗或刚移栽的裸根苗要放在避风的屋檐下。

浇水

最低温度保持在10℃以上时，可以和日常一样等盆土表面干燥后浇水。要让植株在这以下的温度越冬时，让盆土全部干透后再浇水，减少浇水的次数。严寒期浇水要在中午之前进行。

肥料

2月下旬以后，为了促进发出壮芽，应该施春肥。稍微翻动土埋入氮、磷、钾含量均等的缓释肥，再浇水，3月上旬前完成工作。

整枝、修剪

参考冬季修剪的要领进行修剪。

种植、翻盆

南方地区适合大苗的移栽和栽种，寒冷地区要等到开春以后。

病虫害

修剪完成后，第3次喷洒石硫合剂，枝条剪口和地面都要施到。使用后的容器，可以用食用醋稀释20倍液清洗干净。

2月14日情人节是盆栽微型月季热卖的时节，这些在室内开放的花儿多数都来自温暖地区的温室苗圃，空运到全国各地。买到或收到这样的盆栽，最好放在室内向阳的窗旁临时管理，等春天再移栽

51

2月藤本月季管理

盆栽的放置地点

藤本月季一般在庭院地栽，如果是弱小的幼苗或刚移栽的裸根苗要放在避风的屋檐下。

浇水

最低温度保持在10℃以上时，可以和日常一样等盆土表面干燥后浇水。植株在10℃以下越冬时，让盆土全部干透后再浇水，减少浇水的次数。严寒期浇水要在中午之前进行。

肥料

2月下旬以后，为了促进发出壮芽，应该施液体肥。下旬开始则为开花做准备，用含磷较多的液体肥料稀释后，每10天施1次，持续施用。

整枝、修剪

参考冬季修剪的要领进行修剪。

种植、翻盆

南方地区适合大苗的移植和栽种，寒冷地区要等到开春以后。

病虫害

修剪完成后，第3次喷洒石硫合剂，枝条剪口和地面都要喷到。

温暖的南方地区或温室内，可以看到藤本月季冒出的壮硕笋芽

2月灌木月季管理

盆栽的放置地点

放在向阳处，如果是弱小的幼苗或刚移栽的裸根苗要放在避风的屋檐下。

浇水

最低温度保持在10℃以上时，可以和日常一样等盆土表面干燥后浇水。植株在10℃以下越冬时，让盆土全部干透后再浇水，减少浇水的次数。严寒期浇水要在中午之前进行。

肥料

2月下旬以后，为了促进发出壮芽，应该施液体肥。下旬开始则为开花做准备，用含磷较多的液体肥料稀释后，每10天施1次，持续施用。

整枝、修剪

参考冬季修剪的要领进行修剪。

种植、翻盆

南方地区适合大苗的移栽和栽种，寒冷地区要等到开春以后。

病虫害

修剪完成后，第3次喷洒石硫合剂，枝条剪口和地面都要喷到。

灌木月季的小苗放在室内的话，会提早发出新芽

53

植物的状态：新芽萌发

让人充满期待的季节，春天的气息随处可见，南方地区中午有时可以达到20℃以上，月季们也开始爆发出簇簇新芽。新修剪的枝条上，幼嫩的新芽展开了小小的叶片，充满了生机。

3月的工作重点在于确保新芽的成长，促进花芽的分化。月季根部的活动已经开始，要注意观察是否缺水、冬季修剪的剪口部分有没有枯萎、有没有杂草生长等。

另外，3月下旬蚜虫也开始出没，特别是新冒出的嫩芽，有时主人都没有察觉到它们的成长，蚜虫已经捷足先登。月底各种杂草开始冒芽，在幼芽时期除灭是防止它们长大的最好方法。

3 Month 月

关键词：防虫

工作要点check：

✓ 有没有检查和消灭蚜虫？

✓ 有没有清除杂草？

3月是新芽萌发的季节，芽头的颜色根据品种不同，也分为绿色、紫红色和古铜色

3月直立月季管理

盆栽的放置地点

放在向阳处。

浇水

芽头开始活动，土壤表面容易干燥，渐渐需要每天浇水了。

肥料

每隔10天使用1次含磷较多的液体肥料，比如说在花友中常用的磷酸二氢钾，也可以使用其他专用的高磷成分水溶肥。

整枝、修剪

本月不修剪。

种植、翻盆

本月不翻盆。如果是新买到手的小苗，可以不打破根团种植。

病虫害

开始有蚜虫出现，吸取嫩芽的汁液，一旦发现就要驱除。无论盆栽和地栽都要及时除草。

在上个月强剪后发出的新芽，非常健硕，充满活力

3 月藤本月季管理

盆栽的放置地点

放在向阳处。

浇水

芽头和根系活动开始，观察天气，在持续晴天的时候充分补水。

肥料

发芽后追施缓释肥，轻轻扒开土表施肥。

整枝、修剪

不修剪。

种植、翻盆

不移栽。如果是新买到手的小苗，可以不打破根团种植。

病虫害

开始有蚜虫出现，吸取嫩芽的汁液，一旦发现就要驱除。无论盆栽或地栽都要除草。

藤本月季的壮芽

经过横拉后冒出的短枝新芽，这些新芽顶端都会开花

3月灌木月季管理

盆栽的放置地点

放在向阳处。

浇水

芽头和根系活动开始，并吸收水分。观察天气，在持续晴天的时候充分补水。

肥料

发芽后追肥，适合时期为2月下旬至3月上旬。轻轻松开土壤，以植物为圆心，40厘米左右的直径画一个圆，在圆内施肥。

整枝、修剪

不修剪。

种植、翻盆

不翻盆。如果是新买到手的小苗，可以不打破根团种植。

病虫害

开始有蚜虫出现，一旦发现就要驱除。无论盆栽或地栽都要除草。

有些新芽顶端没有花苞，这就叫盲枝，是因为养分不足等原因造成的

植物的状态：孕育花蕾

4月是月季们开花前重要的月份，上旬各种品种的新叶都会迅速生长，花茎也快速抽生，还有的品种会从下部长出新的笋芽。随着气温升高，顶部也出现小小的花蕾。如果没有形成花蕾或枝条就此停止生长，就是出现了盲枝，应当及时处理。

另外，继3月之后，本月也是病虫害的高发期，蚜虫吸食汁液，会造成花朵变形，还会引起灰霉病。而通风不好或植物状态不佳，又会发生白粉病。因此，最好能定时喷洒药剂预防发生。

月季一般都是用野蔷薇作为砧木的，有时砧木会长出野蔷薇芽来，特别是从基部发芽的，要仔细观察，如果茎叶的颜色和形状与本来应该有的品种不同，这就是砧木萌发出的蘖芽，要从基部掰除。

到了下旬，部分早花的直立月季开始开花，而在月末，部分早花的蔷薇以木香为代表开始大量开花。单朵清新秀美、集体花量巨大的木香花宣告又一个花季正式来临了。

4 Month 月

关键词：追肥

工作要点check：

✓ 是否及时检查和消灭了蚜虫？

✓ 是否去除了嫁接苗的萌蘖？

4月底南方地区的木香都开始开花，宣告月季花季来临。木香有白色和黄色品种，白色品种的味道比较香

4月直立月季管理

盆栽的放置地点

放在向阳处，冬季在背阴处的避寒植物要尽早拿出来，否则会影响开花。

浇水

随着气温上升，蒸发加剧，植物会很容易缺水，一旦花蕾打蔫就可能开不出花而落蕾，一定要及时补水。

肥料

选用含磷较多的液体肥料稀释后，每10天施1次，持续施用。

整枝、修剪

一直长叶片，不长花蕾的枝条就叫盲枝，从本叶（5或7片小叶）上方剪断，剩余的枝条就会充实，从叶腋间冒出新枝，5月可能再孕蕾开花。

直立月季很多是嫁接品种，当看到笋芽出现要检查是否是砧木萌蘖，一般砧木野蔷薇是7片小叶，而月季是5片小叶。

种植、翻盆

不翻盆。如果买到正在开花的开花苗，则放置等到花谢后移栽。

病虫害

继续关注白粉病和蚜虫。本月末开始有小青虫出现，与蚜虫不同，它们能将月季啃成光杆，发现后一定要立刻消灭。手工除虫或是用吡虫啉都可以。

4月下旬月季的新叶就开始舒展开来，花蕾也日益膨大

59

4月藤本月季管理

盆栽的放置地点

藤本月季一般种植在庭院里，有些小苗会暂时放在盆里，以确保阳光照射。

浇水

本月的水分蒸发大，春雨的降水量也不少，如果出现1周以上的干旱，就要给地栽苗浇水，避免发生花蕾落蕾的悲剧。盆栽苗也要及时浇水。

肥料

将含磷较多的液体肥料稀释后，每10天施1次，持续施用。

整枝、修剪

不修剪。一年开花一次的藤本月季和蔷薇是老枝条开花，如果出现盲枝，即使剪掉也很难再开花，剪不剪差别不大。

种植、翻盆

不移栽。新买到带花的大型藤本月季苗，要立刻种下，尽早剪去花，让植株把体力用在扎根生长上。

病虫害

关注蚜虫和小青虫。

藤本月季龙沙宝石的花蕾

藤本月季龙沙宝石的盲芽

4 月灌木月季管理

盆栽的放置地点

放在向阳处。

浇水

孕育花蕾期间消耗水分多，一定要充分浇水。

肥料

将含磷较多的液体肥料稀释后，每 10 天施 1 次，持续施用。

整枝、修剪

不修剪。可以再次开花的盲枝修剪到有真叶处（直立月季通常是 5 片小叶，灌木月季有的是 7 片小叶。）

种植、翻盆

不移栽。新买的开花苗先放置管理，等花后修剪好再移栽。

病虫害

关注白粉病、蚜虫和小青虫等病虫害。

白粉病使月季叶片铺上一层白粉，影响光合作用

植物的状态：开花

5月可以说是月季爱好者在一年中最幸福的日子，也是辛勤呵护一年后美丽的花儿灿烂回报主人的时候，从月初开始，直立月季就会大量开放，让小阳台变得花团锦簇，而稍后各式各样的藤本月季更是爆发式开花，兼具二者之美的灌木月季也会一波一波地掀起花海花浪，它们美好的芳香令人陶醉不已。

同时，各地的公园和植物园以及园艺店都会被盛开的月季花株占领，这也是园丁们参观学习、研究品种的好机会。辛勤的爱花人，在这个月里尽情欣赏最美的花季吧。

各种害虫活动频繁，都开始产卵，在花蕾形成到开花每周喷洒1次杀虫剂，也可以在根部放置小白药等内吸性药剂。

5 Month
月
关键词：春花

工作要点check:
✓ 是否及时剪掉残花?
✓ 是否有红蜘蛛和青虫?

5月盛开的花儿
是对园丁最好的奖赏

5 月直立月季管理

盆栽的放置地点

放在向阳处，可以把心爱的花儿拿进屋内暂时相伴，但是时间不要超过 3 天。夜间最好拿出去透气。

浇水

开花期间水分蒸发量大，基本要 1 天 1 次。

肥料

不施肥，肥料过多会出现变形花。

整枝、修剪

美丽的花朵可以立刻剪下来放在花瓶里插花欣赏，这是对植株的呵护，并不是伤害，不要舍不得。没有剪的花朵开残了就要剪掉。

种植、翻盆

本月买到带花的盆苗不要立刻移栽，而是等到花后修剪好再移栽。移栽时也要注意不要打碎根团。

病虫害

本月除蚜虫之外，开始出现红蜘蛛。红蜘蛛是非常顽固的害虫，一般都潜伏在叶片背面，发现后要在叶片两面喷洒药剂消灭，广谱杀虫剂阿维菌素对付红蜘蛛基本足够，如果不能见效，就要改用专用的杀螨剂。

虽然直立月季可以一直持续开花，但是 5 月初的春花是一年中最大最美的，花形也是最标准的

5月藤本月季管理

盆栽的放置地点

花苗放在向阳处，刚移栽的苗可以放在稍微遮阴的地方缓苗几天。

浇水

盆栽苗开花期间水分蒸发量大，基本要1天浇1次。地栽苗如果有连续1周的晴天就要补水。

肥料

不施肥。

整枝、修剪

藤本月季一年只开一次花。但是因为冬季的藤本月季枝条不能再大幅修剪，如果有特别需要调整株型的植株，就要在这个时候修剪到需要的形状。

种植、翻盆

新买到带花的大型藤本月季苗，要立刻种下，尽早剪去花，让植株把体力用在扎根生长上。如果发现移栽后花枝打蔫或是枝条发黑，最好进行较大幅度的修剪（剪到有饱满芽头的枝，上面的叶片和花全部去除），先保证植株生存。

病虫害

本月除蚜虫之外，会出现红蜘蛛。花园里也会出现蜗牛和鼻涕虫，蜗牛和鼻涕虫咬坏花瓣，让花朵变得丑陋，这两种害虫用普通喷剂不能去除，要么手工捉，要么用专用的杀螺剂杀灭。

藤本月季安吉拉组成的美丽花路

5 月灌木月季管理

盆栽的放置地点

花苗放在向阳处，刚移栽的苗可以放在稍微遮阴的地方缓苗几天。

浇水

盆栽苗开花期间水分蒸发量大，基本要1天浇1次。地栽苗如果有连续1周的晴天就要补水。

肥料

开花期间不施肥。

整枝、修剪

多季开花的品种要尽早剪掉残花。特别是灌木月季很多都是多头大花，非常耗费营养。

种植、翻盆

不移栽。如果买到开花大苗，暂时放置欣赏，等花后修剪再移栽。如果花盆不是特别小，也可以留到秋季再换盆。

有时会买到带有花蕾的小苗，最好等根系充分长好再移栽。也有些会带着花，花最好尽早剪掉，作为切花去欣赏。大量开花会让植物变弱，导致来年不开花。

病虫害

红蜘蛛特别需要注意，发现后初期可以喷水驱除，如果虫害较严重，最好用阿维菌素或杀螨剂消灭。

灌木月季有时会垂头开放，让它们在稍微高于视线的位置开放则正好利于观赏

植物的状态：花期尾声

6月前半个月还会有部分晚花品种开放，例如蔷薇中的硕苞蔷薇、光叶蔷薇，而大多数月季都结束了花期，需要进行花后的修剪和追肥。直立月季多数是四季开放，在修剪后不久就会再次开花，而灌木月季则在秋季重新开放。至于大多数藤本月季就此告别一年盛大的花期，开始进入漫长的生长季节。

本月温度一天比一天高，有时晴天会超过30℃，中旬以后南方进入梅雨季节，绵绵细雨滋润植物生长，但也带来了细菌，特别是对于月季最令人头痛的黑斑病病菌开始大量滋生。黑斑病造成落叶，会严重损害月季的健康，消耗植株的体力，所以预防黑斑病是保证月季再次开花的关键。

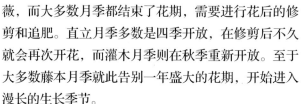

6 Month
月

关键词：修剪

工作要点check:

✓ 是否进行了花后修剪?

✓ 是否采取了防治黑斑病的措施?

5月盛花期过后，6月月季园开始宁静下来，正应了一句成语：绿肥红瘦。丰盛的绿叶为植物制造营养，要好好爱护它们，避免被黑斑病侵蚀

6月直立月季管理

盆栽的放置地点

放在户外阳光良好处，如果进入梅雨季节，可以拿到遮雨的屋檐下。

浇水

盆土表面干燥后就要浇水了。

肥料

在花后添加腐熟的有机肥，或是规定量的缓释肥。

高磷的水溶肥按比例稀释，每10天施用1次。

整枝、修剪

花后修剪，具体步骤参照PART 4春季花后直立月季中苗修剪。从根部周围长出的苗壮笋芽，四季开花品种在长到50厘米左右时剪断。一季开花品种不用剪。处理笋芽适合时间为6~8月。

种植、翻盆

修剪后移栽，注意不要弄散土团。

病虫害

黑斑病高发期，建议准备几种药剂轮流喷洒。黑斑病很容易被泥土溅起传播，在雨后喷洒较为有效，地面也要喷到。

6月的微型月季二次花，比起初花，花形有些走形，天气热后，也比较容易枯萎

67

6月藤本月季管理

盆栽的放置地点

放在户外阳光良好处，进入梅雨季节，可以拿到遮雨的屋檐下。

浇水

盆土表面干燥后就要浇水了。

肥料

在花后添加腐熟的有机肥，或是规定量的缓释肥。有机肥如果没有完全腐熟，在冬天可能还没事，夏季则非常危险。特别是盆栽，没有把握的话还是用缓释肥比较放心。

氮、磷、钾含量均等的水溶肥按比例稀释，每10天浇灌1次。

整枝、修剪

花后修剪，具体参见PART 4花后灌木月季小苗修剪。笋芽不用剪。

种植、翻盆

新买的花苗可以栽种，注意不要弄散土团。

病虫害

藤本月季会发生黑斑病，可以喷药预防。没有秋花的品种也可以不管，顺其自然。蔷薇基本没有问题。

有秋花的藤本月季喷药防治黑斑病

6 月灌木月季管理

盆栽的放置地点

放在户外阳光良好处，进入梅雨季节，可以拿到遮雨的屋檐下。

浇水

盆土表面干燥了就要浇水，6 月的晴天温度高，蒸发快，注意不要疏忽了。

肥料

花后添加腐熟的有机肥，或是规定量的缓释肥。

氮、磷、钾含量均等的水溶肥按比例稀释，每 10 天浇灌 1 次。

整枝、修剪

修剪花后修剪，具体步骤参照 PART 4 花后灌木月季小苗修剪。

种植、翻盆

新买的花苗可以栽种，注意不要弄散土团。

病虫害

相比月季，古典玫瑰的黑斑病发病率低很多，实在不喜欢多用药剂的，可以不喷药。

有的灌木月季没有秋花，但会在春季再次开花，图为再次开花的灌木月季玛格丽特王妃

69

7 Month **月**

关键词：防黑斑病

工作要点check：

✓ 是否在雨后喷洒了防治黑斑病的杀菌剂？

✓ 是否为盆栽苗做好了防暑工作？

多花月季是开花性非常好的类别，即使在 7 月炎热的季节，依然可以看到大量在开花

植物的状态：生长或因为黑斑病而进入病休

　　7 月是一年中最热的时候，长江流域经常长期处于 35℃以上，最近随着地球的整体气温升高，北京这样传统的寒冷地区也会达到 35℃。

　　北方虽然气候炎热，但是空气干爽，雨水也少，对月季生长没有太大问题。在南方地区最大的问题是雨后的黑斑病，经常可以看到月季在大雨后全株黑斑，然后落叶成光杆。一旦落叶成光杆，植物就自动进入休眠状态，直到秋天才能恢复生长。所以这个月对南方花友来说，最大的任务就是如何减少黑斑病的发生，保护植物珍贵的叶片。

7月直立月季管理

盆栽的放置地点

放在向阳处，如果是弱小的幼苗或生病的苗要放在避雨的屋檐下。

浇水

表面干燥后，在上午或傍晚充分浇水。

肥料

不施肥或每 10 天施 1 次稀薄的液体肥

整枝、修剪

如果有反复开放的花朵需摘除残花。如果有新生的笋芽可以在希望的高度剪断，不要放任让它长得过高，夺取其他枝条的养分。

种植、翻盆

不翻盆和种植。

病虫害

雨后喷洒杀菌剂，防治黑斑病。

经过花后修剪的直立月季会开出第二轮花。通常在 5 月月季开花时很难看到百合花开，7 月的二次花时则可以看到百合和月季竞相开放的美景

71

7月藤本月季管理

盆栽的放置地点

放在向阳处，如果是弱小的幼苗或生病的苗要放在避雨的屋檐下。

浇水

表面干燥后，在上午或傍晚充分浇水。

肥料

不施肥或每10天施1次稀薄的液体肥。

整枝、修剪

如果有反复开放的花朵需摘除残花。藤本月季经常在花后长出笋芽，新生的笋芽长高后就是新的开花枝条，在稍微成形后牵引到行人不常通过的地方，免得碰断。

种植、翻盆

不翻盆和种植。

病虫害

雨后喷洒杀菌剂，防治黑斑病。因为多数藤本月季不会有秋花，如果不是特别在乎植株状态，也可以不喷杀菌剂。气温升高后红蜘蛛会减少，但是偶尔有蓟马发生。

新生的枝条牵引到行人不常通过的地方

7月灌木月季管理

盆栽的放置地点

放在向阳处。如果是弱小的幼苗或生病的苗则要放在避雨的屋檐下。

浇水

表面干燥后，在上午或傍晚充分浇水。

肥料

不施肥或每10天施1次稀薄的液体肥。

整枝、修剪

如果有反复开放的花朵需摘除残花。花后长出笋芽的话，可以根据需要决定留下长高还是剪短。

种植、翻盆

不翻盆和种植。

病虫害

雨后喷洒杀菌剂，防治黑斑病。杀菌剂最好交替使用。气温升高后红蜘蛛会减少，但是偶尔有蓟马发生。

枝头还有残花，需摘除

植物的状态：半休眠

8月的温度和7月差不多，但是雨水往往比7月少。连续的酷暑和骄阳常常会造成植物缺水，特别是大株盆栽月季，有时早晨浇完水到晚上就干了，如果需要的话就要早晚浇水2次。

大部分月季虽然不喜欢高温，但也不会像一些高山性的植物那样敏感。不过部分盆栽苗如一直放置在太阳下的水泥地，会因为地面温度高而受到蒸烤，因此最好为它们采取一些降温措施。在花盆下垫两块砖头，或是在地面洒些水都是不错的降温方法。

8 Month **月**

关键词：防暑

工作要点check:

✓ 是否为盆栽苗做好了防暑工作?

8月的月季园非常寂静，只有少许直立月季还在开放

8月直立月季管理

盆栽的放置地点

放在向阳处，如果是弱小的幼苗或生病的苗要放在半阴的屋檐下。

浇水

土壤表面干燥后，在上午或傍晚充分浇水。

肥料

不施肥或每10天施1次稀薄的液体肥。如果秋剪，剪后施肥。

整枝、修剪

本月的花被称为夏花，夏花因为温度原因常常较小，变形，或是变色。这种情况下最好摘除花蕾，让月季保存体力，留待秋天更好地发挥。

可以在8月下旬开始秋剪，一般来说健壮的植株剪掉1/3左右，让它迎接秋花。如果因为黑斑病落叶严重，就稍微轻剪，免得再耗费体力。

种植、翻盆

不翻盆和种植。

病虫害

雨后喷洒杀菌剂，防止黑斑病发生。本月蓟马出没频繁，发现后要喷药，可用10%吡虫啉可湿性粉剂2 000倍液喷施。

微型月季8月的夏花不太标准，但是花量还是足够的

75

8月藤本月季管理

盆栽的放置地点

放在向阳处，如果是弱小的幼苗或生病的苗要放在半阴的屋檐下。

浇水

土壤表面干燥后，在上午或傍晚充分浇水。

肥料

不施肥或每 10 天施 1 次稀薄的液体肥。

整枝、修剪

能够秋季开花的品种将植株枝条剪掉 1/3 左右，其他不能开花的可以放任不管或是根据需要修形。

种植、翻盆

不翻盆和种植。

病虫害

雨后喷洒杀菌剂，防止黑斑病发生。本月蓟马出没频繁，发现后要喷药。

8月的高原地区可以看到很多原生的蔷薇，例如这种产于我国西部的华西蔷薇

8 月灌木月季管理

盆栽的放置地点

放在向阳处，如果是弱小的幼苗或生病的苗要放在半阴的屋檐下。

浇水

土壤表面干燥后，在上午或傍晚充分浇水。

肥料

不施肥或每 10 天施 1 次稀薄的液体肥。

整枝、修剪

能够秋季开花的品种将植株枝条剪掉 1/3 左右，其他不能开花的可以放任不管或是根据需要修形。

种植、翻盆

不翻盆和种植。

病虫害

雨后喷洒杀菌剂，防止黑斑病发生。本月蓟马出没频繁，发现后要喷药。

8 月的英国奥斯汀月季，零星地开放着

77

工作要点check：

✓ 是否在上旬进行了秋剪？

✓ 秋剪后施肥是否完成？

9 月是秋季的开始，也是四季开花的月季们迎来第二个花季的重要时间

植物的状态：恢复生长

9 月虽然还有秋老虎，但是夜间温度会降低很多，月季们似乎获得了重生，新的叶片慢慢发出来，植株也精神起来。9 月最重要的事情是为了迎接秋花的修剪，一般来说秋剪在 9 月上旬完毕，短短 10 天的时间要完成工作量较大，因此要根据自己的时间安排好日程。如果推迟秋剪，开花的时间会顺延，最后可能导致因为天气寒冷而错过最佳开花时期。

9月直立月季管理

盆栽的放置地点

放在向阳处。

浇水

土壤表面干燥后，在上午或傍晚充分浇水。

肥料

每10天施1次含磷较多的液体肥，秋剪后施缓释肥或有机肥。

整枝、修剪

9月上旬秋剪，一般来说健壮的植株枝条剪掉1/3左右，让它迎接秋花。如果因为黑斑病落叶严重，就稍微轻剪，免得再耗费体力。

种植、翻盆

不翻盆和种植。

病虫害

本月蓟马和白粉虱出没频繁，发现后要喷药或挂黄板，若出现白粉虱可用10%扑虱灵乳油2 000倍液处理。

如果在上个月修剪，到了9月底，多花月季可以开放出不逊色于春天的效果

9月藤本月季管理

盆栽的放置地点

放在向阳处。

浇水

土壤表面干燥后，在上午或傍晚充分浇水。

肥料

每10天施1次含磷较高的液体肥，秋剪后施缓释肥或有机肥。

整枝、修剪

9月上旬对有秋花的品种进行秋剪，本月下旬冒出的笋芽在年内已经不可能成长成开花的枝条，留下没有用途，从根部剪掉。

种植、翻盆

不翻盆和种植。

病虫害

本月蓟马和白粉虱出没频繁，发现后要喷药或挂黄板。

大多数藤本月季的秋花不太值得期待，但是部分品种依然有不错的表现，例如怜悯、安吉拉、大游行等

9 月灌木月季管理

盆栽的放置地点

放在向阳处。

浇水

土壤表面干燥后，在上午或傍晚充分浇水。

肥料

每 10 天施 1 次含磷较多的液体肥，秋剪后施缓释肥或有机肥。

整枝、修剪

用上旬对有秋花的品种进行秋剪，一般来说健壮的植株枝条减掉 1/3 左右，让它迎接秋花。如果因为黑斑病落叶严重，就稍微轻剪，免得再耗费体力。

本月下旬冒出的笋芽在今年内已经不可能成长成开花的枝条，留下没有用途，从根部剪掉。

种植、翻盆

不翻盆和种植。

病虫害

本月蓟马和白粉虱出没频繁，发现后要喷药或挂黄板。

9 月底灌木月季开始开花，因为只进行了轻剪，枝条看起来有些凌乱

工作要点check:

✓ 是否给予了花后肥?

✓ 是否购买了来年的花苗?

10 月的月季园繁花似锦，颜色比起柔美的春花，更加艳丽浓郁

植物的状态：开秋花，没有秋花的品种恢复生长或是渐渐红叶

10 月是月季们的又一个盛花期，和春季不同，这一个花季少了藤本月季的身影，大多数是现代月季中的茶香系品种。直立月季品种多，灌木月季也不少，花园的欣赏中心放在了位置较低的花圃或花境里。为了衬托这些美丽的秋花，不要忽略秋季花境的营造哦！

秋季气温降低，每朵花的持续时间更长，而且不用像春天那样非常着急地剪掉残花，可以有更多时间欣赏。欣赏秋花的同时，也给予月季们感谢的肥料吧！

秋季也是购买花苗的好时机，很多商家会在国庆节前后上架带花的大苗。趁着秋花到花市好好观察，选择自己心仪的品种。

10 月直立月季管理

盆栽的放置地点

放在向阳处。

浇水

土壤表面干燥后，在上午或傍晚充分浇水。

肥料

每 10 天施 1 次含磷较多的液体肥，秋花后施液体肥。

整枝、修剪

剪除残花。

种植、翻盆

购买的花苗在赏花后及时种植，及早种植有利于植物在入冬前生根。

病虫害

本月蓟马出没频繁，发现后要喷药或挂黄板。

直立月季品种在 10 月花期可以开出非常壮美的花株，持续时间长，观赏价值高

83

10 月藤本月季管理

盆栽的放置地点

放在向阳处。

浇水

土壤表面干燥后，在上午或傍晚充分浇水。

肥料

开过花的植株每 10 天施 1 次含磷较多的液体肥，秋花后施液体肥。

整枝、修剪

剪除残花。

种植、翻盆

购买的花苗在赏花后及时种植，及早种植有利于植物在入冬前生根。

病虫害

本月蓟马和白粉虱出没频繁，发现后要喷药或挂黄板。

藤本月季卡利埃夫人
的秋花，有着柔美的花形
和娇羞的姿态

10月灌木月季管理

盆栽的放置地点

放在向阳处。

浇水

土壤表面干燥后，在上午或傍晚充分浇水。

肥料

开过花的植株每10天施1次含磷较多的液体肥。

整枝、修剪

剪除残花。

种植、翻盆

购买的花苗在赏花后及时种植，及早种植有利于植物在入冬前生根。

病虫害

本月蓟马和白粉虱出没频繁，发现后要喷药或挂黄板。

诺瓦利斯植株圆弧形张开，淡紫的秋花点缀其中，异常美丽

植物的状态：叶片逐渐转红，有的开始落叶。四季开放的品种持续开花

11 月一些月季品种开始出现红叶，美丽的红叶成为一景。另外很多蔷薇果也变红了，非常可爱。这也可以说是月季除了花以外给我们的另一个惊喜吧。

这个月的直立月季还会持续零星开花，看起来好像不知疲倦一样。每朵花的打开时间越来越长，有的花蕾甚至挂在枝头几个星期都没有开放。这时候可以剪下来拿到室内插花，因为屋里温度较高，花朵会更容易开放。

一些月季开始落叶，收集它们的落叶清理干净，所有月季的叶片和枝条都不可以堆肥。

这个月也是网购花苗的好时候，可以开始预订裸根大苗或是盆栽苗了。花苗不能在路途耽搁，一定提醒店家不要赶到"双十一"期间发货哦！

11 Month **月**

关键词：落叶

工作要点check:

✓ 是否清理了落叶?

✓ 是否购买了来年的花苗?

本月是秋花断续开放的季节，这样的花朵可以持续到 12 月

11 月直立月季管理

盆栽的放置地点

放在向阳处。

浇水

土壤表面干燥后，在上午或傍晚充分浇水。

肥料

每 10 天施 1 次氮、磷、钾含量均等的液体肥。

整枝、修剪

剪除残花。

种植、翻盆

购买的花苗在赏花后及时种植，及早种植有利于植物在入冬前生根。

病虫害

本月病虫害较少。趁着空闲清除杂草，并将其带出园外处理掉。

多花月季金色女神，
略带古铜的金黄色非常适
合秋日的光景

11 月藤本月季管理

盆栽的放置地点

放在向阳处。

浇水

土壤表面干燥后，在上午或傍晚充分浇水。

肥料

每 10 天施 1 次氮、磷、钾含量均等的液体肥。

整枝、修剪

从基部剪掉萌发的笋枝。

种植、翻盆

购买的花苗在赏花后及时种植，及早种植有利于植物在入冬前生根。

病虫害

本月病虫害较少。趁着空闲清除杂草，并将其带出园外处理掉。

很多月季都会结出果实，橘红色的小果随风飘动，非常可爱

11 月灌木月季管理

盆栽的放置地点

放在向阳处。

浇水

土壤表面干燥后，在上午或傍晚充分浇水。

肥料

每 10 天施 1 次氮、磷、钾含量均等的液体肥。

整枝、修剪

剪除残花。从基部剪掉萌发的笋枝。

种植、翻盆

购买的花苗在赏花后及时种植，及早种植有利于植物在入冬前生根。

病虫害

本月病虫害较少。趁着空闲清除杂草，并将其带出园外处理掉。

很多古典玫瑰品种
也会结果，可以收集果
实尝试播种

89

植物的状态：渐渐红叶，有的开始落叶。四季开放的品种持续开花

12 Month 月

关键词：翻盆

本月今年的月季开花的季节就结束了，为了迎接来年的开花，这个月又是繁忙的月份。从 12 月至翌年 2 月，施肥、修剪、喷施农药，基础的工作非常繁多。

秋天美丽的果实都掉落了，落到枝条上的都会变成难看的黑色，植株的叶片也大部分脱落了。

这其中完全四季开花的波旁月季（大马士革玫瑰和月月粉的杂交种）马美逊还会继续开花，但是因为寒冷花蕾的成长很慢，有时会拖到翌年 1 月，完全开放是不可能了，但是娇羞的姿态十分动人，落叶的叶腋处慢慢膨大的新芽，宣告下个季节的来临。

工作要点check：

✓ 是否翻盆？

✓ 是否移栽了需要移栽的苗？

本月部分品种可以看到美丽的红叶，叶片变红是植物进入冬眠的标志

12 月直立月季管理

盆栽的放置地点

放在向阳处。

浇水

天气渐冷，土壤表面干后浇水即可。

肥料

含磷较多的液体肥料按规定比例每隔 10 天施用 1 次。

整枝、修剪

参考冬季修剪的要领进行修剪。

种植、翻盆

翻盆。

病虫害

除草。

在南方温室里培养出的微型月季，整个冬季都可以在花市里见到，让人完全忘记冬季的寒冷

12 月藤本月季管理

盆栽的放置地点

放在向阳处。

浇水

天气渐冷，土壤表面干后浇水即可。

肥料

含磷较多的液体肥料按规定比例每隔 10 天施用 1 次。

整枝、修剪

参考冬季修剪的要领进行修剪。

种植、翻盆

翻盆、移栽。

病虫害

除草。

因为气候温暖，很多藤本月季迟迟不肯落叶

12 月灌木月季管理

盆栽的放置地点

放在向阳处。

浇水

天气渐冷，土壤表面干后浇水即可。

肥料

含磷较多的液体肥料按规定比例每隔 10 天施用 1 次。

整枝、修剪

参考冬季修剪的要领进行修剪。

种植、翻盆

翻盆。

病虫害

寒冷的天气里病虫害很少，趁着空闲及时除草。

食用玫瑰的红叶非常美丽，搭配紫红的枝干和艳丽的果实，仿佛国画里的风景

93

PART 4

欧月种植操作图解

小苗栽种

　　小苗一般是网购或在花店买到的扦插成活后不超过半年的苗，通常种植在 9 ~ 12 厘米的育苗钵里，拿到后应该立刻栽种。

　　网购的小苗，要及时开包种植

　　准备一个口径 15 厘米左右的花盆，不用太深。加入底石

　　加入营养土，放到花盆 1/3 ~ 1/2 处

　　加入缓释肥，小苗期间使用氮、磷、钾含量均等的肥料较好

　　稍将缓释肥拌匀，埋到土表下

　　放入小苗看看，小苗土正好到盆沿下，否则要在盆里再加些土

取出小苗，看看根系是否盘结

稍微打散盘结的根系，放到花盆中央

加土，大约到盆口下方2厘米处，或是盆沿下方

再撒一点缓释肥，稍微加一层薄土，盖住缓释肥

小苗栽好后可以直接放在户外，春、夏、秋季稍微遮阴几天进行缓苗。冬季如果栽种后立刻出现寒潮或是西北风，需暂时拿到室内避风。

浇水至花盆底部出水。完成

裸根大苗栽种

裸根大苗可以直接下地，也可以盆栽。如果花园土地条件不好，或是大苗到货状态不好，可以先盆栽 0.5 ~ 1 年，育好苗后再下地。

1

购入裸根大苗

2

准备一个口径约 27 厘米的大型花盆

3

加入底石、营养土，大约到花盆 1/3 处

4

放入大苗，正好在花盆中央

　　裸根大苗栽好后不需要特别防冻，但是如果栽种后立刻出现寒潮或是西北风，应用塑料布、纸板等防寒物遮挡或是拿到墙边处避风。

⑤

加入营养土。大约到盆口下方2厘米处，或是盆沿下方

⑥
加入缓释肥

⑦

在缓释肥表面盖薄薄的一层土

⑧

完成后充分浇水

大苗的下地移栽

移栽大苗通常在冬季进行，在移栽前要改良土壤，加入肥料，然后再栽入花苗。栽好后要立刻浇水。

选择一块向阳、通风的地点。挖坑，大约两铁锹深

上挖出的泥土堆在一边，和准备好的营养土混合

搅拌均匀，作为移栽的用土

在坑底放入300～400克的有机肥料，例如鸡粪＋骨粉

加入混合好的土，大约到坑的一半深度，也可以根据苗的大小调整，放入花苗

将花苗位置调整好，枝条朝向也调整到需要的方向

在花苗周围加入混合土

加土直到与地面平齐或稍高一点

在花苗周围做一个凹陷的浇水圈，这样
有利于浇水时均匀深入植株附近

在凹陷圈里充分浇水，每株花苗需要
1～2桶水。如果栽好后过几天发现土壤表
面塌陷，就再加些混合土

移栽大苗栽好后不需要特别保护。裸根大苗可以采取同样的方法下地，但是裸根
苗恢复较慢，如果栽种后立刻出现寒潮或是西北风，应用塑料布、纸板等防寒物遮挡。
有的裸根苗枝条被修得很短，在它头上倒扣一个塑料大花盆也是不错的避风方法。

花后灌木月季小苗修剪

　　小苗移栽后到了春季，有的品种很快就会开花，其实对于幼小的花苗当务之急是扎根和长出像样的枝条，最好是在出现花蕾后就剪掉。不过希望早一天看花的心情可以理解，那么在看花后也就立刻剪掉残花吧。

　　另外很多小苗在春天会出现很多不开花的盲枝、盲芽，这些盲枝也剪掉为宜。

　　修剪灌木月季格拉米城堡。

冬天种下的小苗，长出几个小花蕾和大量的盲枝

在第一朵花开过后，就开始修剪为宜。首先剪掉开过花的残花

剪掉其他的花蕾，不要感到可惜

剪掉盲枝，在盲枝下方的未萌发的芽头上剪断。如果位置太下，也可以保留几个盲芽。如果是直立月季则可以剪多一点

⑤

修剪完毕后的状态

⑥

剪后不久，就可以看到从根部冒出这样的笋芽，底部冒出的笋芽比较健壮，好好培育就成为今后的主枝

⑦

经修剪后，月季植株长成后的样子

春季花后直立月季中苗修剪

中苗开始就可以开出比较壮观的花束，因此花后的修剪也必须提上日程。花后修剪对于不管哪种株型都应该是剪去残花，稍微调整株型的轻剪。对于二次开花性好的直立月季，修剪之后必须施肥。

修剪直立月季爱丽。

1

植株开花结束的样子

2

首先剪去下部的残花

3

剪枝的部位大概在花下 1 ~ 2 节

4

可以看到下方叶片已经变成比较标准的
5 片小叶

5

修剪较长枝条的顶部残花，因为是多头开放，所以把分权部分剪掉即可

6

可以看到因为修剪得有些晚，最上部分的新芽已经开始萌发了

7

修剪完成

8

加入骨粉等有机肥

秋季修剪

四季开花的月季，特别是直立月季，在夏季高温期间也努力开花，因为气候炎热、黑斑病等原因，经常开花后会落叶，还有些枝条会枯萎。到秋天天气凉快的时候，可以通过修剪让它们恢复生机，如果恢复良好，还可以开出不错的秋花。

过夏后的状态，有些落叶，有部分枝条枯萎了

首先剪除夏天开过的残花

所有的残花都剪掉

剪除枯萎的枝条

剪掉枯枝

剪掉弱枝

剪掉细枝

清理盆土，拔掉杂草，捡出落叶

完成

因为初秋的修剪距离开花已经时间不多，所以我们一般不用有机肥，而是用浇灌水溶肥的方法促进植物生长，迎接秋花。

冬季修剪和牵引

冬季修剪的目的

- 清理病弱的枝条，让营养集中到健壮的枝条上

  如果不修剪，营养就会在细弱的老枝条上，开花不大也不多。

- 改善通风和光照

  如果不修剪，枝条过多过密，会影响通风发生疾病，阳光也照不到内部。

- 造就漂亮的株型

  经过一年的生长，很多时候会株型凌乱，通过内外芽的调整，实现自己想要的株型。

冬季修剪和牵引的准备

修剪之前，清除所有的黄叶，清理所有的枯枝、病枝

修剪之后

喷洒石硫合剂

施肥

Point! | **注意区分叶芽和花芽**

发育成花和花序的为花芽，发育成叶的为叶芽。

月季是顶花芽，枝顶端的芽一般为花芽，而枝干上的芽全部为叶芽。

直立月季的冬剪

直立月季的冬剪原则

- 根据植物的生长状态来修剪，基本去除细枝条。
- 在壮芽上方修剪。
- 根据自己需要的生长方向选择芽的朝向，需要植物向外扩张，就在外向芽的上方修剪，需要植物更加紧凑，就在内向芽的上方修剪。
- 大约剪到植株的 1/3。

微型月季与其他直立月季修剪稍有不同

- 保留较多的细枝。
- 在壮芽上方修剪。
- 根据自己需要的生长方向选择芽的朝向。
- 剪到植株的 1/3~1/2。

直立月季和杂交茶香月季是修剪最强的一类，高度可以根据自己的需要调整

多花月季和微型月季也适合强剪。修剪后的多花月季可以保留较多细枝

并不是所有的英国月季都是灌木月季，也有这样典型的直立英国月季瑞典女王

灌木月季的冬剪

- 根据植物的生长状态来修剪。
- 相对保留较多的细枝。
- 在壮芽上方修剪。
- 根据自己需要的生长方向选择芽的朝向，需要植物向外扩张，就在外向芽的上方修剪，需要植物更加紧凑，就在内向芽的上方修剪。
- 大约剪到植株的 1/2。
- 需要的话进行牵引。

灌木月季的修剪比直立月季修剪程度稍微轻，也可以根据要求调整株型，整体来说，一半是比较合适的

有的灌木月季在我国南方地区如果不修剪就会长得很高，这其中开花性好的品种，也就是不会长成绿巨人的品种有些类似藤本月季，但是又会从比较低的位置开始开花，非常适合用来攀爬小型拱门。图为把灌木英国月季当作小藤本月季培养的例子

藤本月季的修剪和牵引

　　基本不进行针对刺激长芽和开花的修剪，修剪的目的主要是调整株型，清理病枝，枯枝和过度老化的枝条，疏枝改善通风。

　　藤本月季冬剪原则如下：

- 清理病枝、枯枝。
- 将老化的枝条从根部剪除。
- 如果夏季发出大量新的笋枝，已经长成数根成型的主枝，则把显得过密的老主枝剪掉。

牵引的目的

　　藤本月季都是在旧枝条上长出短枝开花，如果任其自然就会出现只在梢头开放、整个植株头重脚轻的情况，花量也少，经过横拉牵引或盘绕，增加短枝数量，让花量增多，均匀分布。

　　藤本月季的牵引原则如下：

- 壁面以横拉为主，也可以斜向拉伸。
- 拱门花柱以盘绕为主，可以 2 ~ 3 根枝条束在一起盘绕。
- 枝条或枝条束之间保持一定间距，通常墙壁上 30 ~ 40 厘米，拱门或花柱上 20 厘米。
- 枝条硬的植株不要勉强牵引，避免折断损失。

藤本月季在墙壁上牵引

在墙壁上的牵引

在墙壁上打孔，装入膨胀螺丝，拧进小螺栓，在螺栓间拉伸铁丝，将所有枝条分开整理干净，间隔一定的距离沿着铁丝绑缚，尽量让枝条横向伸展。

枝条可以交叉，不要强行拉开或过分横拉，过长的枝条可以横向弯曲成 U 形。

花柱和拱门的牵引、盘绕，将所有枝条分开整理干净，按照不同的方向盘绕。

如果枝条特别多也可以数根捆束在一起，从两个方向分头缠绕。

花柱牵引的细部

在花柱上牵引

花柱上的花朵密集开放时非常壮观

PART 5

常见欧月品种

直立月季

符号说明： 初 适合初学者
🪴 适合盆栽　　香 有浓郁香气

说愁
Scentimental

类　别　多花月季
花　形　杯形
高　度　1～1.5米
花　期　四季
育种国　美国

初 香 ▢

艳丽的红白条纹，花圆形，内包，多头花，花瓣不多，不容易散开，春花光彩夺目，极其显眼，秋花颜色较为浓郁，持久性也更佳。香气甜郁优美，香料香型。少病虫害，即使不施大肥也开花众多，非常值得推荐的品种。

瑞典女王
Queen of Sweden

类　别　多花香水月季
花　形　杯形
高　度　1～1.5米
花　期　四季
育种国　英国

初 香 ▢

奥斯汀家的著名品种，柔粉色，圆形包子花，娇美可爱，尺寸中等，多头开放。植株直立，与大多数英国月季很不同。瑞典女王在我国大多数地区长得比目录描述高很多，特别适合用于种植在藤本月季的下方作为填补空间的角色。单独盆栽也十分漂亮。

蓝色风暴
Shinoburedo

类　别	多花月季
花　形	浅杯形
高　度	1～1.5米
花　期	四季
育种国	英国

淡紫色，圆杯形花，中等大小，多头花。日本品种，品名的日文意思是暗恋心，更好地表达了这个品种的含蓄之美。春季花量大，秋季也有花，但是量不大，可以在夏末适当轻剪。植株强健，容易成活，香气馥郁，堪称完美的品种。

冰山
Iceberg

类　别	多花月季
花　形	浅杯形
高　度	1米
花　期	四季
育种国	德国

白色，初开时高心卷边，随后散开，颜色纯净，花量大，多头花，秋花数量也很大，成片种植可以开出白色花海。德国科德斯的名品，人气经久不衰，是世界上最受欢迎的白玫瑰。也很适合嫁接成树形月季。

伊芙伯爵
Yves Piaget

类　别	杂交香水月季
花　形	杯形
高　度	1～1.5米
花　期	四季
育种国	法国

粉红色，大型花，圆杯形，非常丰满，盛开时好像牡丹花一般豪华。养成大株后极具观赏价值。也适合切花。

奥秘
Mysterieuse

类　别	多花月季
花　形	莲座形
高　度	1～1.5米
花　期	四季
育种国	法国

莲座形，深紫色，颜色如同名字一般神秘。多头花，聚集在枝头开放，可以通过修剪来降低高度，增加枝条数。

117

海潮之声
Ebb Tide

类　别　多花月季
花　形　浅杯形重瓣
高　度　1～1.5米
花　期　四季
育种国　美国

深紫红色，中型花，莲座形，香气浓郁，有时会聚集20朵在枝头开放。植株强健，少病害。

杰乔伊
Just Joey

类　别　杂交香水月季
花　形　高心卷边
高　度　1～1.5米
花　期　四季
育种国　美国

著名的杂交香水品种，铜黄色，大朵花，高心卷边，非常华丽。推出之初是轰动一时的品种，至今魅力不衰。其枝干粗壮，适合切花。

加百利
Gabriel

类　别	多花月季
花　形	杯形
高　度	1~1.5米
花　期	四季
育种国	日本

2008年由河本纯子育成，花朵坛状杯形，外围呈白色，中心呈紫色，中等直径，花瓣分瓣均匀、层次感非常好，散发淡淡香味。生长速度中等，但花量非常的多，修剪时注意，不要剪的太过，不然恢复期变长，会延迟下次开花的时间。

红双喜
Double Delight

类　别	杂交香水月季
花　形	高心卷边
高　度	1~1.5米
花　期	四季
育种国	美国

老牌品种，久经考验，15厘米直径的大花，高心卷边，乳黄色带红边，浓郁的水果香，初闻有荔枝香气。植株强健，好养，有时会有黑斑病，但并不影响秋花。也有藤本月季红双喜。

119

蓝色梦想
Blue for You

类　别	多花月季
花　形	莲座形
高　度	1米
花　期	四季
育种国	德国

和蓝色狂想曲有些类似，但是花径更大，蓝色花带有纤细的白色刷痕。多头花，芳香，花量大。植株强健，值得推荐。

你的眼睛
Eyes for You

类　别	多花月季
花　形	浅杯形
高　度	1米
花　期	四季

淡粉色，花瓣根部带有紫色眼影，有着独特的波斯蔷薇血统。同样的眼影系列有数个品种，也被称为巴比伦系列。其他眼影品种不香，本品种却芳香好闻。每朵花的持续期不长，但是花量大，此起彼伏，十分可观。

葵
Aoi

类　别	多花月季
花　形	莲座形
高　度	0.8米
花　期	春季、秋季
育种国	日本

（初）

日本品种，春季是暗粉色，秋季会变成棕红色，很有个性的颜色，花量大，多头开放，植株强健，枝条细，适合盆栽。

庵
Iori

类　别	多花月季
花　形	莲座形
高　度	0.8米
花　期	春季、秋季
育种国	日本

（初）

葵的芽变品种，颜色和葵一样，也是古色古香的暗黄色，其他属性一样。这两个品种植株小，不占位子，颜色柔和低调，充满了东方的矜持美，可以尝试用于东方式或现代风格的庭院。

121

结爱
Yua

类 别 多花月季
花 形 深杯形，卷边
高 度 1～1.5米
花 期 四季
育种国 日本

初 香 ▢

经典的玫瑰粉色花，高杯形，花瓣外卷。花瓣包得很紧，层层打开时非常动人。淡雅的香气，清新
宜人。春、秋季花量都很大。

白梅朗
White Meidiland

类 别 多花月季
花 形 莲座形
高 度 0.5米
花 期 四季
育种国 法国

初 ▢

历史悠久的品种，进入我国也很早，最早被当作地被和景观品种使用。花量大，盛开时雪白一片。
植株抗性佳，强健，花瓣厚，耐雨，用途很广。

金边
Golden Border

类　别　多花月季
花　形　莲座形
高　度　60～80厘米
花　期　四季
育种国　荷兰

柠檬黄色花朵，成簇开放，随着时间会变成淡黄色。叶片深绿色，植株健壮，抗病性佳。适合种植在花境或是花坛。

蜻蜓
Libellula

类　别　多花月季
花　形　莲座形
高　度　60～80厘米
花　期　四季
育种国　日本

淡紫色，波浪形花瓣，开花时充满浪漫气质，非常独特，在花友中人气也很高。枝条纤细，黑斑病后易落叶，注意喷药防止病害发生。适合盆栽。

萨尔曼莎
Salmanasar

类　别	大型多花月季
花　形	深杯形
高　度	1.5米
花　期	四季
育种国	不明

适合切花的品种，植株高大直挺，枝条粗壮。枝头开花，杏粉色，带褶皱花边的重瓣，数朵集群开放时非常华丽，具淡香，即使一朵也足够有存在感。植株强健，易发笋枝，适合地栽。

茱莉亚
Julia

类　别	杂交香水月季
花　形	高心卷边
高　度	1米
花　期	四季
育种国	英国

淡褐色花，高心卷边，是最近流行的众多咖色花中的先行者。花瓣不多，半开时最是美丽，全开时会散。香气清淡，株型紧凑，适合盆栽。有时会发生白粉病，注意不要施肥过多。

珊瑚果冻
Corail Gelee

类　别　大型多花月季
花　形　莲座形
高　度　1.5米
花　期　四季
育种国　日本

可以切花的品种，俏丽的珊瑚粉色，波浪边重瓣，一朵花能持续开放时间很久。有清淡的茶香气。
植株强健，抗病性佳，开花早，是非常值得推荐品种。

斯蒂芬妮·古滕贝格
Stephane Guttenberg

类　别　多花月季
花　形　莲座形
高　度　80厘米
花　期　四季
育种国　日本

淡紫色，波浪形花瓣，开花时充满浪漫气质，非常独特，在花友中人气也很高。枝条纤细，黑斑病
后易落叶，注意喷药防止。适合盆栽。

思乡
Nostalgia

类　别　杂交香水月季
花　形　高心卷边
高　度　1.5~1.8米
花　期　四季
育种国　德国

（初）（香）

高大直立，具有杂交香水月季的特质，乳白色花瓣，边缘带有樱桃红晕，盛开时非常醒目。适合种植在花坛中心作为主角。合理修剪的话，秋花花量也很大。植株强健，少病，适合初学者。

漂亮贝丝
Dainty Bess

类　别　杂交香水月季
花　形　单瓣
高　度　0.8~1.5米
花　期　四季
育种国　澳大利亚

（初）

大花，单瓣，淡粉色花瓣，深红色雄蕊，在众多单瓣花里十分出众。目前国内很难找到这个品种，但有一个类似的品种甜美人，花瓣稍小，雄蕊也是红色的。

转蓝
Turn Blue

类　别	多花月季
花　形	浅杯形
高　度	0.8~1米
花　期	四季
育种国	日本

初

蓝灰色花，花瓣不多，经常会露出中间的黄色花蕊，更添魅力。几乎可以说是最接近蓝色的月季了。植株稍弱，生长较慢，容易因黑斑而落叶，注意夏季管理。

粉色妆容水
Eyeconic Pink Lemonade

类　别	多花月季
花　形	半重瓣
高　度	0.8~1米
花　期	四季
育种国	美国

初

眼影系列的一个品种，又名粉色妆容柠檬水。淡粉色花瓣根部有深红色斑点块，花朵比眼影系列的你的眼睛小，开放时花瓣平开，所以根部的斑块更加醒目。多分枝，花量极大，植株强健，适合在花境花坛里搭配草花植株，也可以盆栽。

英格丽褒曼
Poulman

类　　别　杂交香水月季
花　　形　高心卷边
高　　度　0.8~1.2米
花　　期　四季
育种国　丹麦

杂交香水月季里的名品，浓郁饱满的深红色，高心卷边，有着富丽堂皇的美感。植株也高大，枝条粗壮，植株强健，适合种在花坛中心。也适合切花。

美咲
Misaki

类　　别　多花香水月季
花　　形　浅杯形
高　　度　0.8~1米
花　　期　四季
育种国　日本

轻柔的淡粉色，带有美妙的透明感，花瓣层次极多，超过100瓣。花心稍微向内凹陷，显得娇俏可爱。香气浓郁，大马士革和水果混合的香型。也可以作为切花。

摩纳哥公主

Princess de Monaco

类 别 大型多花月季
花 形 杯形
高 度 0.7~0.9米
花 期 四季
育种国 法国

大花月季的领军品种。花色复色系，白色或近白色混合，粉红色的边缘，高高竖起的杯形花瓣向外优雅地翻卷，花大，花径约13厘米，花瓣数35~40，具有温和的水果香味，非常抗病。

微型月季

由于近年来微型月季市场较为火爆，从直立月季中拿出单独介绍

绿冰
Green Ice

花　形　莲座形
高　度　0.5~0.8米
花　期　四季
育种国　法国

初 🪴

花色会从白色慢慢变成绿色，在冬天天冷的时候还会出现粉红色花，十分神奇。小花，雏菊形，大量开放，花朵变成绿色后持久性极好。具有抗病性强的光叶蔷薇血统，叶色光亮，少病虫害，可以说是新手的不二选择。

八女津姬
Yametsuhime

花　形　莲座形
高　度　0.5米
花　期　四季
育种国　日本

初 🪴

小花，淡粉色，花朵非常迷你，只有1厘米大小，虽然单朵不起眼，但大量盛开时好像雏菊花束，非常可爱。植株也很小，适合用小盆栽种。

仙女
the Fiary

花　形　莲座形
高　度　0.5~0.8米
花　期　四季
育种国　美国

小花，半重瓣，花多。植株非常强健，特别是秋花性好，即使到深秋也有大量的花朵开放，秋花稍微偏红，春季是美妙的淡粉色。可以作为绿化品种和花坛栽培。

永远的那不勒斯
Napoli

花　形　杯形
高　度　0.7~1米
花　期　四季
育种国　丹麦

花瓣有小卷边，深橙色带有棕色光晕，非常独特。夏季也会开花，但是花形不标准。植株健壮，易发笋枝，如果不修剪可能长得太大。丹麦著名微月公司永恒系列中的一个，该系列其他还有数个花色。

甜梦/藤甜梦
Sweet Dream

花　形　莲座形
高　度　2米
花　期　四季
育种国　丹麦

著名的品种，柔美的花色特别有人气。花朵5厘米，杯形，柔和的蜜橘色，花多，盛开时覆盖全株，健壮，少病虫害，是难得的藤本微型品种。

小伊甸园
Mimi Eden

花　形　杯形
高　度　0.8米
花　期　四季
育种国　法国

颜色乳白到粉色渐变，圆球花形，非常可爱。本来是切花品种，因整体娇小，类似龙沙宝石，所以得名小伊甸园，其实跟龙沙宝石没有什么关系。也有藤本月季品种。如果过度施肥容易发生白粉病。

甜蜜马车
Sweet Chariot

花　形　莲座形
高　度　0.5~0.8米
花　期　四季
育种国　美国

紫红色花，雏菊花形，大量开放，枝条细而软，可以做各种造型。香气柔和甜美，可以说是微型月季中少有的香味品种。

热巧克力
Hot Cocoa

花　形　杯形
高　度　0.8米
花　期　四季
育种国　美国

深红褐色花，巧克力般丝滑的光泽，花大，直立月季。可以盆栽，也可以种在花境的前方作为搭配。有轻微香气。

花见小路
Hanamikouji

花　形　莲座形
高　度　0.5~0.8米
花　期　四季
育种国　日本

极淡的肉粉色，锯齿花边，优雅迷人，非常多花，据说是育种者F&G公司里花量最大的品种，大量开放时极为动人。植株稍弱，须防黑斑病。名字花见小路是日本京都著名的景点，非国内常说的花间小路。

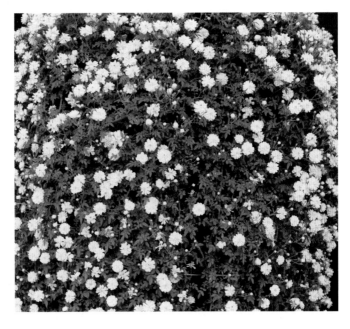

雪光
Yukihikari

花　形　莲座形
高　度　2~3米
花　期　四季
育种国　日本

著名品种梦乙女的白色花，藤本月季，春季花量极大，枝条长而细软，可做成花环、爱心等各种造型。植株强健，少病虫害。

温柔珊瑚心
Vuvuzela

花　形　杯形
高　度　0.8~1米
花　期　四季
育种国　荷兰

花的中心是明亮金红色，带有橘色晕，外层鲑鱼粉色，微型大花月季，属于万花丛中特别引人注目的一种，适合盆栽。切花品种，属杂交香水月季，且花朵的持久性很好。

橙色科斯特
Orange Mother's Day

花　形　圆球形
高　度　0.6~1米
花　期　四季
育种国　德国

又名橙色母亲节。完全圆球形开放，非常可爱，是纯正的橙黄色花。植株强健，少病虫害，非常推荐。另外还有白色、粉色和红色的科斯特，除了颜色不同外，性质基本类似。

玛姬婶婶
Aunt Margy's

花　形　杯形
高　度　0.8米
花　期　四季
育种国　意大利

（初）

蓝粉色，娇小可爱，花多，多头开放。

冰绿
Green Ice (Min)

花　形　浅杯形
高　度　0.45米
花　期　四季
育种国　美国

（初）

花色白色至浅绿色，若喜欢绿色可在其开花时放到阳光直射不到、阴凉些的地方，光照过大、温度过高时颜色就会变淡、发白。具温和的香气，萌芽性特别强，种植时要及时疏芽，以免长势过密，影响植株的整体造型及通风透气性。

大地之蓝
Grawn Blue (Min)

花　形　杯形
高　度　0.3~0.4米
花　期　四季
育种国　日本

颜色独特，淡紫色偏青色，即使在夏季依然能保证淡淡的青色，开花性非常好，花大小在5~6厘米，花瓣有光泽，花心是尖尖的。

德勒斯登娃娃
Dresden Doll (Min)

花　形　杯形
高　度　0.25~0.3米
花　期　四季
育种国　美国

非常著名的微型苔藓月季之一，抗病性强，它的花蕾上布满厚重的苔藓，开出双瓣软粉色的花，花瓣数18，浓香型。

藤本月季

大游行
Parade

花　形　杯形
高　度　2.5～3米
花　期　春季、秋季
育种国　美国
初

著名品种，花玫红色，重瓣，松散的包子形，具有可以用于绿化的强健品种。生长快，少病虫害，秋花性好，特别适合新手。

龙沙宝石
Pierrde Ronsard

花　形　杯形
高　度　5米
花　期　春季
育种国　法国
初

国内人气很高的品种，又名伊甸园玫瑰。标准的包子形重瓣，初开粉白后变成粉红，含苞待放的姿态最是动人。多花，喜肥，叶片油绿健康。在我国大部分地区基本是一季花。本品属于标准藤本大花，需要横拉才会开出较多的花朵。

藤仙容
Angel Face CL

花　形　莲座形
高　度　2.5米
花　期　春季
育种国　美国

来自多花月季仙容的藤本芽变，紫粉色花，波浪形花边，花径10厘米，中等大小，重瓣，但因为独特的颜色和花形，还是十分抢眼。秋季有少量花。仙容作为一个著名的亲本，培育出了大量紫色和蓝色的品种。

玛格丽特
太子妃/王妃
Crown Princess Margareta
Climbing

花　形　杯形
高　度　4米
花　期　春季、秋季少量
育种国　英国

奥斯汀品种又名王妃，亮丽的杏黄色，花后期会蜕变到淡橙色。重瓣，包子形，会成簇开花，非常美丽。清新的水果香气。植株抗性佳，生长旺盛，堪称完美的一款藤本月季，值得拥有。

炼金术士
Alchymist

花　形　杯形卷边
高　度　3～5米
花　期　春季
育种国　德国

历史悠久的品种，颜色是橙色到粉色间的微妙中间色，美不胜收。植株强健，生长力强，香气甜美，是适合大型空间的优秀品种。本品属于标准藤本大花，需要横拉才会开出较多的花。

纪念杜博士
Souvenir du Docteur Jamain

花　形　杯形
高　度　2.5～3.5米
花　期　春季
育种国　法国

古典品种，深红色，中等大小花，香气浓郁，有着现代月季所没有的柔美感，具有很高人气。生长较慢，可用于小庭院或大型盆栽。

黄金庆典
Golden Celebration

花　形　深杯形
高　度　1.5~2.5米
花　期　春季
育种国　英国
初　香

奥斯汀品种，纯正的明黄色，大朵圆碗形花，重瓣，强健，香气浓郁。优点极多，几乎已经成为英国玫瑰的象征。偶尔有少许黑斑，在英国属于灌木月季，在我国温暖地区长成藤本，也可以通过修剪作为灌木月季利用。

雪鹅
Snow Goose

花　形　莲座形
高　度　　2.5~3米
花　期　春季
育种国　英国
初　香

奥斯汀品种，雏菊形白色小花，多头开放，重瓣，枝条刺少，作为拱门或是栅栏都非常美丽，也适合婚礼花园，很经典的白色小花藤本品种。初期生长慢，后面会长成大型植株，清淡麝香味。

莫尔文山
Malvern Hills

花　形　莲座形
高　度　3~4米
花　期　春季、秋季少量
育种国　英国

奥斯汀品种，淡黄色，和雪鹅一样属于奥斯汀的小花经典。多头开放，形成小喷泉般的花束，非常可爱。叶片光亮，少刺，容易牵引。适合和黄金庆典等大花品种搭配种植。香气是诺伊赛特玫瑰香。

卡利埃夫人
Mme Alfred Carrière

花　形　莲座形
高　度　5米
花　期　春季、秋季
育种国　法国

初 香

古典玫瑰里的著名品种，大型藤本，非常健壮，叶片淡绿色，几乎无刺。花淡粉色后期变成珍珠白，松散莲座形，重瓣，适合各种拱门。本品在国内知名度不高，但在英国属于每个花园必有一株的品种。

德伯家的苔丝
Tess of the d'Urbervilles

花　形　浅杯形
高　度　2~2.5米
花　期　春季、秋季少量
育种国　英国

初　香

花色深红，艳丽而不失端庄，随着开放会稍稍变浅。浅杯形，重瓣，多头开放，植株高大健壮，易初笋芽，群开时很有气势。是一款值得推荐的红色花。

藤金兔
Gold Bunny

花　形　莲座形
高　度　2.5米
花　期　春季
育种国　法国

初　香

法国梅昂公司的经典黄色品种，多花品种金兔的藤本，艳黄色花，小高心，重瓣，随着开放散开，花量大，盛开时富丽堂皇，醒目无比。植株强健，适应性好。

蓝色阴雨
Rainy Blue

花　形　莲座形
高　度　1.5～2 米
花　期　春季、秋季少量
育种国　德国

淡紫色花，丝绸质地，纤薄秀美。后期会变成灰紫色，花朵中等大小，多头集群开放，长花梗，气质高雅，十分动人。花量大，虽然单朵花不大，大量开放十分有效果。是少有的盆栽小型藤本月季，非常推荐。

福音
Gospel (Cl)

花　形　包菜形
高　度　2.5～3米
花　期　四季
育种国　德国

杂交茶香月季，有浓郁的香味，紫红色，小集群开花，花朵大，花径约10厘米，花形为当今流行的包菜状，花瓣多，重瓣，花瓣数40以上。

灌木月季

多特蒙德
Dortmund

类　别　多花月季
花　形　单瓣
高　度　2.5米
花　期　春季、秋季
育种国　德国

初

德国科德斯公司品种，单瓣，红色大花，抗性特别好，耐寒也耐热，耐旱，花多，春季的群开十分绚丽。作为绿化品种引进我国时间较早，各地都有种植。本品在德国属于多花型灌木月季，在我国温暖地区长成藤本。

安吉拉
Angela

类　别　多花月季
花　形　半重瓣
高　度　3米
花　期　春季、秋季
育种国　德国

初 香

半重瓣，粉色小花，圆碗形多头开放，花量大，非常可爱。春季大量开放之外，秋季还可以有不错数量的秋花。在德国属于多花灌木月季，在我国温暖地区长成藤本月季。

卢森堡公主西比拉

Princesse Sibilla de Luxembourg

类　别　多花月季
花　形　莲座形半重瓣
高　度　2.5～3米
花　期　春季
育种国　法国

半重瓣，多头开放，浓郁的葡萄紫色花，充满神秘莫测的美感。植株强健，少病虫害，适合粗放管理。在法国属于多花型灌木月季，在我国温暖地区长成藤本。另有一个姐妹品种卢森堡公主亚历珊德拉是粉色。

玫瑰之下

Under the Rose

类　别　多花月季
花　形　杯形重瓣
高　度　　2.5米
花　期　春季、秋季
育种国　日本

日本品种，深紫红色花，带有深沉的丝绒感，香气浓郁。古典四分花形，枝条柔软，很容易让人以为是古老品种。稍微不耐黑斑。可以用于小拱门造型。

格拉米城堡
Glamis Castle

类　别　多花月季
花　形　杯形重瓣
高　度　1~1.5米
花　期　四季
育种国　英国

白色花，随着开放渐变成乳白色，重瓣包子形，非常多花，四季开放，植株强健，如果保持一定温度，冬天也可以开放，具有清淡的香气。可以盆栽种植。

遗产
Heritage

类　别　多花月季
花　形　杯形重瓣
高　度　1~1.5米
花　期　四季
育种国　英国

淡粉色花，初开为圆形包子状，精致的花朵非常典雅。四季开放，但秋花花瓣较少，具柔和的水果香气。

温切斯特教堂
Winchester Cathedral

类　别　多花月季
花　形　浅杯形重瓣
高　度　1.5米
花　期　四季
育种国　英国

古典四分重瓣形，非常优雅的白玫瑰。枝条多细刺，来自著名的粉色品种玛丽罗斯，因此偶尔会返祖开出粉色花。秋花量少，但不走形。香气是蜂蜜杏仁味的甜香。

杰夫汉密尔顿
Jeff Hamilton

类　别　多花月季
花　形　深杯形重瓣
高　度　1.5～2米
花　期　四季
育种国　英国

淡粉色花，极度重瓣的包子形，有时会接近圆球形开放，具浓郁的甜香，植株粗壮，直立月季，可以不需支撑。很有特色的一款，强健，适合新手。

福斯塔夫
Falstaff

类　别　多花月季
花　形　莲座形重瓣
高　度　1.5米
花　期　春季、秋季
育种国　英国

奥斯汀网站推荐品种，紫红色杯形花，华丽高贵，比起其他类似色品种属于强健好养的，枝条粗壮，直立月季，可以剪成灌木。如果不修剪把枝条留长也可以用于攀爬小拱门。其香气浓郁，具古典玫瑰香。

亚伯拉罕·达比
Abraham Darby

类　别　多花月季
花　形　浅杯形重瓣
高　度　1.5米
花　期　春季、秋季
育种国　英国

奥斯汀家少有的以现代月季为亲本的品种，杏粉色，大花重瓣，花形、花色俱佳，深受国内花友好评。花瓣质地厚，持久性好，可以说在英国月季里弥足珍贵。具水果香型，馥郁浓烈，植株抗病性好，生长旺盛，非常值得推荐。

威廉·莫里斯
William Morris

类　别　多花月季
花　形　莲座形重瓣
高　度　1.5~2米
花　期　春季、秋季
育种国　英国

美妙的杏粉色花，淡雅动人，是著名品种亚伯拉罕·达比的后代，枝条软，可造型，也可以用来当作小藤本，攀爬小型拱门或栅栏。

夏洛特
Charlotte

类　别　多花月季
花　形　浅杯形重瓣
高　度　1.5米
花　期　春季、秋季
育种国　英国

清淡的柠檬黄色花，随着开放会慢慢变淡，丛生性好，多出笋芽，非常健壮。春季是美丽的古典莲座形花，夏季和秋季开花会有些扁平。

天方夜谭
Sheherazad

类 别	多花月季
花 形	浅杯形重瓣，锯齿边
高 度	1.5米
花 期	四季
育种国	日本

（初）（香）（🏺）

玫瑰红带有紫色的艳丽颜色花和锯齿形花瓣，显得独具一格，不管放在哪里都会引人注目，具大马士革和水果混合香，香气浓郁，是充满了异域色彩的品种。

杰奎琳·杜·普蕾
Jacqueline du Pre

类 别	多花月季
花 形	接近单瓣
高 度	1.5~2米
花 期	四季
育种国	英国

（初）（🏺）

英国哈克尼斯公司出品，纯白色花大朵单瓣，深红花蕊，搭配起来非常动人。枝条横向生长，是标准灌木月季，可以牵引到墙壁上作为小藤本。名字来自于著名女大提琴手。

柴可夫斯基
Tchaikovski

类　别	大型多花月季
花　形	莲座形
高　度	1.2~1.5米
花　期	四季
育种国	法国

白色，花的中心带有黄色，花瓣数41，花径11厘米，花期大量放花，有浓郁的花香，有着非常抗病耐热，耐贫瘠的特性，环境适应特别强，植株高大，适合地栽，多用作花园造景和鲜切花。

克莱尔奥斯汀
Claire Austin

类　别	多花香水月季
花　形	杯形
高　度	1.2米
花　期	四季
育种国	英国

大卫·奥斯汀（David C. H. Austin 1926—　）于2007年育成，他在月季育种方面有着杰出贡献，一生获得殊荣无数，被认为是世界上最伟大的育种家之一。白玫瑰一向很难繁殖，因其非常讲究纯度和亮度，而克莱尔奥斯汀是非常好的白玫瑰品种，它具有浓烈的香草香，植株健壮，长势强盛，适应性强。夏季观赏效果不好，所以在夏季的时候最好不要让其开花，着重培育强壮的枝条，为秋天开放做准备。

真心／真诚
Heartfull

类　别	多花月季
花　形	杯形
高　度	1.3米
花　期	四季
育种国	日本

铃木玫瑰园艺于2010年育成，花色淡粉色，散发着淡淡的没药花香。

空蝉
Utsusemi

类　别	多花香水月季
花　形	杯形
高　度	0.7米
花　期	四季
育种国	日本

河合伸志（Kawai Shinji）2011年培育，颜色独特，一般为茶色，颜色多变，有时候为粉蓝紫色，花瓣波浪形，有强香料香味。

古典玫瑰

美女伊西斯
Belle Isis

花　形　莲座形
高　度　1.5~2米
花　期　春季
育种国　比利时

7厘米左右的中型花，标准古典花形，柔美动人。枝条细软多刺，适合牵引到塔形花架或是拱门上。本品也是很多奥斯汀品种的亲本。

大马士革玫瑰
Damask Rose

花　形　莲座形
高　度　1.5~2米
花　期　春季
育种国　中东国家

作为香精原料的大马士革玫瑰为淡粉色花。花瓣柔软，不耐晒，初开时香气四溢，如果要收集做香料的话要在初开或将开未开时就采摘，后期香气会减弱。本品有很多改良品种在市面上流通，也有很多食用玫瑰冒充，不太容易买到。

紫袍玉带
Baron Girod de L'Ain

花　形　杯形
高　度　1.5～2米
花　期　春季
育种国　法国

著名的品种，引进我国的历史很悠久，圆杯形深紫红色花，花瓣的锯齿边缘带有一道纤细的白边。造型极其独特，虽然问世已经数百年，魅力始终不衰。另有一个同样是深红带白边的类似品种Roger Lambelin有时也被当作紫袍玉带，相比而言Roger Lambelin的花瓣少，花形也较扁平。

哈迪夫人
Madame Hardy

花　形　浅杯形
高　度　1.5～2米
花　期　春季
育种国　法国

纯白色古典花，花瓣多，花形较端正，中心有绿眼，具有浓郁的大马士革香气。比起其他古典玫瑰，本品长势稍弱，从扦插苗到开花的时间也较长，但是丝毫不影响它的魅力。

159

皮埃尔欧格夫人

Madame Pierre Oger

花　形　浅杯形
高　度　1.5～2米
花　期　春季
育种国　法国

几乎是半透明的淡粉色花，在阳光下晶莹剔透，非常美丽，春季大量开放，秋季也有少量。其香气甜美，枝条细软，是一个极具古典女性美的品种。

黎塞留主教

Cardinal de Richelieu

花　形　浅杯形
高　度　0.8～1.5米
花　期　春季
育种国　法国

高卢玫瑰品种，几乎不带粉色的灰紫色，很是奇特。花朵小，花瓣聚集成绒球形开放。植株直立，纤细，枝条多小刺，可以盆栽。

绿萼

Rosa chinensis 'Viridiflora'

花　形　浅杯形
高　度　0.8~1.5米
花　期　四季
育种国　中国

全部是花萼的品种，开放时好像一个个绿色绒球，中国古老月季中的名品，因为不是花瓣，所以持续时间特别长。植株强健，耐热。

月月粉

Old Blush China

花　形　浅杯形
高　度　0.8~1米
花　期　四季
育种国　中国

和月月红一样，是被广泛栽培的品种，完全四季开放，在南方即使寒冬也可以孕育花蕾。耐热，夏季有少许黑斑，但不影响生长。植株自愈能力强，可以用于域角绿化。

橘囊
Ju—nang

花　形　浅杯形
高　度　0.8～1米
花　期　四季
育种国　中国

美丽的橘粉色花，在中国古老月季里属于大型花，花瓣也多，杯形开放，春季花量大。秋季颜色更加浓郁。

维多利亚拉赖因
La Reine Victoria

花　形　杯形或球形
高　度　1.5～2.1米
花　期　四季
育种国　法国

属波旁月季（中国的月季花来到欧洲的第一代杂交种，是由大马士革玫瑰和月月粉在自然条件下杂交出的品种）。浓香型，粉红色，花瓣40，大中型花。小集群。

薔薇

白木香
Rosa Banksiae

类　别　原变种
花　形　莲座形
高　度　6米
花　期　春季

初　香

大型藤本，早春开白色花，花量极大，盛开时全株如白雪覆盖般壮观，香气宜人，是每年最早开花的蔷薇。植株很大，需要坚固的支撑物。

黄木香
Rosa Banksiae Lutea

类　别　原变种
花　形　莲座形
高　度　6米
花　期　春季

初　香

大型藤本，白木香的黄色变种。雏菊形小花成簇开放，开花极多，如同花海一般，鸡蛋黄色，明媚动人，香气淡。极少病虫害。

多花蔷薇
Rosa Multiflora

类　别　原变种
花　形　莲座形
高　度　6米
花　期　春季

著名品种，粉红色花，也有淡粉或深紫色的，我国各地都有栽培，淡香。春季大量开放，非常强健，即使偶尔有病虫害也可以自愈。

粉红香水月季
Rosa Odorata 'Road of Lijiang'

类　别　原变种
花　形　莲座形
高　度　10米
花　期　春季

大型藤本，国外又名丽江之路，原产我国云南，花大，松散花形，花量极大，可以覆盖大型拱门或凉亭。

光叶蔷薇
Rosa Wichurana

类　别　原变种
花　形　莲座形
高　度　10米
花　期　春季
初

大型藤本，枝条非常细软，长达5米或更多。叶片小，有蜡质光泽，花期晚，通常在6月初开放。花色有淡粉、白、玫红等色。

硕苞蔷薇
Rosa Bracteata

类　别　原种
花　形　单瓣
高　度　6米
花　期　春季
初

大型藤本，原产我国东南沿海，开花在6月中下旬，花大，白色，雄蕊金黄色，搭配起来非常美丽。需要强有力的支撑和大地方种植。

金樱子
Rosa Laevigata

类 别	原变种
花 形	单瓣
高 度	6米
花 期	春季

初 香

大型藤本，多刺，刺粗壮，适合用作防盗篱笆。叶片亮绿色，光亮美丽。白色花，单瓣大朵，花量也大，盛开时十分动人。花期在木香之后，蔷薇之前。其果实可以食用或泡茶。刺倒钩，适合做防护绿篱。

缫丝花
Rosa Roxburghii

类 别	原变种
花 形	单瓣或莲座形重瓣
高 度	1.5~2.5米
花 期	春季、夏季
育种国	无

大型半藤本，多刺，植株强健，南方夏季也可以保持青枝绿叶。粉红色花，有单瓣和重瓣，重瓣花常开出有缺角的圆形，又名十六夜蔷薇。其果实名刺梨，可以食用或泡茶。

167

野蔷薇
Rosa Multiflora

类　别　原变种
花　形　单瓣
高　度　5米
花　期　春季、夏季

 香

植株藤本，花量大，白色单瓣小花，多头开放，气味芳香。春天在山间徒步常常可以看到本品种的野生。植株极强健，生长快，有时被当作砧木嫁接其他月季。因为一些淘宝卖家以此品冒充其他品种月季，故又名宿迁小白。

白玉堂
Rosa Multiflora

类　别　原变种
花　形　莲座形重瓣
高　度　2.5米
花　期　春季

初

藤本，多花，白色重瓣，我国北方多见。植株强健，多花，颜色纯净美丽，但随着花朵逐渐凋败，保留的残花会影响美观，需及时剪除。

紫叶蔷薇
Rosa Glauca

类　别　原变种
花　形　单瓣
高　度　1.5~2.5米
花　期　春季

大型半藤本，观叶品种，叶片灰紫色，圆拱形生长。春季开花，小花粉色，直径2厘米左右，单瓣，不太起眼。植株强健，耐寒，特别适合北方地区。直立性好，可不用支撑。

紫罗兰/蓝蔓
Blue Ramble

类　别　原变种
花　形　莲座形
高　度　8米
花　期　春季
育种国　德国

著名的古典品种，又名蓝色蔓玫。深蓝紫色花，雏菊形，小朵聚集开放，花量极大。植株也很旺盛，在头一年看不到特别快的成长，之后会迅速生发笋芽，皮实耐病，适合粗放管理。

169

图书在版编目（CIP）数据

欧月初学者手册 / 花园实验室，新锐园艺工作室主编．—北京 ：中国农业出版社，2019.2
（扫码看视频·种花新手系列）
ISBN 978-7-109-24758-1

Ⅰ．①欧… Ⅱ．①花… ②新… Ⅲ．①月季－观赏园艺－手册 Ⅳ．①S685.12-62

中国版本图书馆CIP数据核字(2018)第242468号

中国农业出版社出版
（北京市朝阳区麦子店街18号楼）
（邮政编码 100125）
责任编辑 郭晨茜 国 圆 孟令洋

北京通州皇家印刷厂印刷 新华书店北京发行所发行
2019年2月第1版 2019年2月北京第1次印刷

开本： 700mm×1000mm 1/16 印张： 10.75
字数：250千字
定价：59.00 元
（凡本版图书出现印刷、装订错误，请向出版社发行部调换）